똑똑한 아이보다
단단한 아이로 키워라

이 책을 소중한

____________________님에게 선물합니다.

________________________________ 드림

시련과 실패에 강한 아이로 만드는 운동 습관

# 똑똑한 아이보다 단단한 아이로 키워라

| **이종우** 지음 |

위닝북스

# 운동으로 아이의 미래를 긍정적으로 변화시켜라!

불과 몇 년 전까지만 해도 나는 대한민국의 평범한 젊은 남성이었다. 밤이면 술자리에서 사람들과 어울리며 취업, 연애 얘기하기 바쁜 평범한 사회의 일원이었다. 이들 중 대부분은 취업을 앞둔 대학생, 취업에 성공한 회사원들이었다. 그들과의 대화 끝에는 늘 아쉬움이 존재했다. 누군가 정해 준 틀에 박혀 세상의 소리에 의해 움직이는 그들의 삶이 결코 행복해 보이지 않았기 때문이다. 나 역시 기성세대의 가르침을 따라 열심히 공부해서 취업하는 것이 성공이라고 배웠다. 친구들과 선후배 모두가 취업에 온 신경을 집중하고 있을 즈음 문득 이런 생각이 들었다.

'회사에 취업하면 행복하게 살 수 있을까?'

20대 후반으로 향하기 시작할 때였다. 세상의 소리가 아닌 내 안의 소리가 들리기 시작했고 그때 결심했다. 나의 꿈과 목표를 소신 있게 세상에 밝힐 수 있는 사람이 되겠노라고.

유치원을 운영했던 어머니의 영향으로 나는 아이들을 좋아했다. 어릴 때부터 꾸준히 한 운동 덕에 어떤 운동이든 잘할 수 있다는 자신감이 있었다. 단순히 두 가지 이유로 나는 내 직업을 정했다. 처음 부모님께 어린아이들을 대상으로 운동을 지도하는 일을 하고 싶다는 포부를 밝혔을 때, 부모님은 어떻게든 나를 설득해 보려고 하셨다. 힘들게 뒷바라지하며 보낸 성균관대학교 공대를 때려치우고 박봉의 직업을 택하겠다는 자식이 정상적으로 보이지 않았을 테니 말이다. 지금 생각해도 당시 부모님의 마음은 충분히 헤아려진다.

게다가 현실적으로 많은 장애물들이 나를 가로막고 있었다. 지금은 덜하지만 그 당시만 해도 대한민국은 운동선수 출신이 아니면 지도자로 성공할 수 없는 분위기였다. 인맥도 없었고 경력이 화려하지도 않았다. 대학 졸업은 훗날로 미루어 놓았기에 어찌 보면 내가 말하지 않는 이상 서류상 학력은 고졸이었다. 일하고 싶어도 받아 주는 곳이 없어 무급으로 일을 배우며 경험을 쌓을 수밖에 없었다. 그렇게 모든 악조건을 끌어안은 채 어린이 운동 지도자로서의 삶을 시작했다.

마주한 현실은 더욱 처참했다. 아이를 키워 본 적도 없는 20대의 어린이 운동 지도자가 할 수 있는 것은 많지 않았다. 아이에게 좋은 영향을 미치는 지도자가 되기 위한 역량이 턱없이 부족했다. 직업을 택한 지 1년도 채 안 되어 부모들이 원하는 것을 충족시키지 못하는 나 자신이 초라해 보이기 시작했다. 지도자 자격증 과정, 학술 세미나 등을 다니며 모자란 내 역량을 채워 보려고 했지만 스펙 만들기에만 급급한 나머지 중요한 것을 놓치고 있음을 느꼈다.

그즈음, 어릴 적부터 내가 겪어 왔던 모든 일들을 회상해 보았다. 내게는 위기를 기회로 바꾸는 힘이 있었다. 비만을 이겨 냈고, 학창시절 왕따를 극복했으며, 작은 키지만 늘 당당할 수 있었던 이유는 바로 나 자신에 대한 믿음 때문이었다. 세상은 계속해서 변하고 있었고 변한 세상에서 흔들리지 않는 강한 마음이 나의 가장 큰 무기임을 놓치고 있다는 것을 깨달았다. 세상의 소리가 아닌 내 안의 소리를 듣고 나자 스스로에게 미안해졌다.

내 인생은 그날 이후 백팔십도로 달라졌다. 내가 가진 장점을 적극적으로 활용하기 위해 구체적인 계획을 세웠다. 인맥도 없고 스펙이 부족해서 당당하지 못했던 현실을 극복하기 위해 다음 두 가지 생각에 초점을 맞춰 자기계발을 시작했다.

첫째, 부모들이 아이에게 운동을 시키려는 이유가 무엇일까?

둘째, 어린이 운동 지도자로서 내가 할 수 있는 가장 큰 역할은 무엇인가?

수십 권의 책을 읽으며 아이 개개인에 대한 연구를 시작했다. 서로 다른 기질의 아이들에게 운동을 지도하며 부모가 원하는 변화를 이끌어 내려고 노력했다. 그 과정에서 내가 만들어 낸 코칭 노하우들을 모두 기록했고 상담 및 직원 교육 자료로 활용했다. 이 모든 것들은 부모들의 고개를 끄덕이게 하는 콘텐츠가 되었다.

내가 어린이 운동 지도자로서의 삶을 선택한 2012년, 그로부터 6년이라는 시간이 흘렀다. 부모들의 입소문을 통해 상업적인 홍보에 무게를 두지 않았던 솔뫼 스포츠라는 회사는 하나의 브랜드가 되었다. 기하급수적으로 늘어난 회원들과 직원들은 초라했던 운동 지도자를 한 회사의 CEO로 만들어 주었다.

개인적으로는 결혼을 해서 두 아이의 아빠가 되었다. 나는 아직도 평범한 대한민국 30대 남성이다. 다만 이제는 한 분야의 전문가가 되었다. 어린이 운동 전문가로서 성찰을 시작했다. 아이들이 밝고 건강하게 살아가기 위해 내가 해야 할 역할이 무엇일까?

그동안 나만의 비법으로만 간직하고 있던 기록과 노하우들을 공개하기로 결심했다. 어린이 운동 현장에서 아이, 부모와 직접 부딪치며 겪었던 스토리는 어린이 운동 지도자들과 부모들이 원하는 정보일 것이 분명하다. 이 책을 통해 내 아이는 물론이고 대한민국의 모든 아이들이 어떤 위기와 시련도 이겨 낼 수 있는 강한 마음을 지니게 되길 바란다.

2018년 8월

이종우

## 차 례 C • O • N • T • E • N • T • S

PART 2

# 똑똑한 운동 습관이 만드는 놀라운 변화

PART 3

## 아이의 성격과 기질에 따른 운동법

PART 4

## 아이의 회복탄력성을 키우는 8가지 운동

PART 5

# 운동하는 아이가 공부도 잘한다

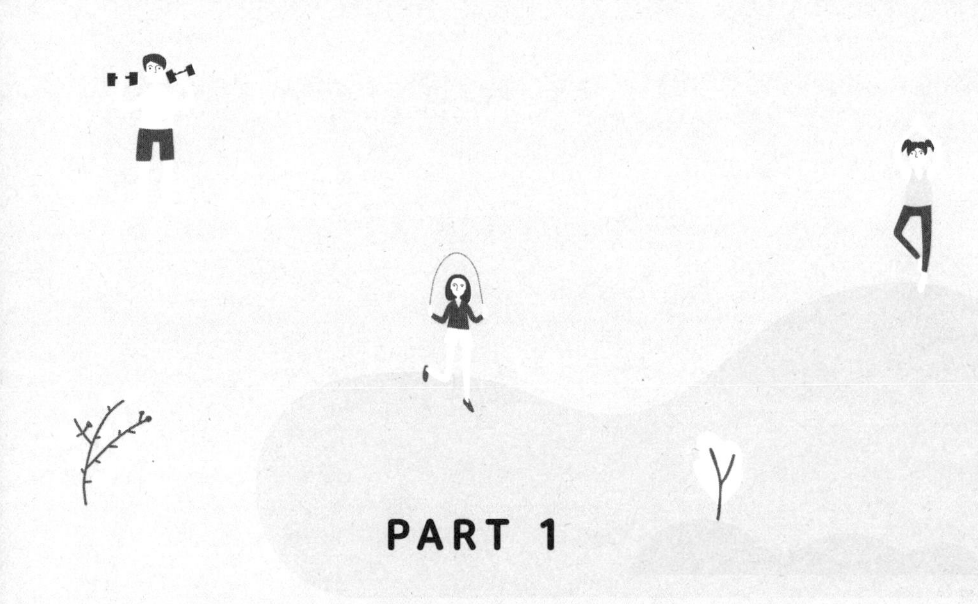

PART 1

# 사랑할수록 독립심 강한 아이로 키워라

# 독립심 강한 아이로 키우고 싶다면 운동을 시켜라

우리 모두 살면서 몇 번의 실패를 겪는다.
이것이 바로 우리를 성공할 수 있도록 준비시킨다.

내가 어릴 적엔 학교를 마치면 친구들과 운동을 하거나 논밭에서 개구리를 잡으며 해 질 녘까지 뛰어놀곤 했다. 야구 글러브와 롤러스케이트는 모든 집의 필수품이었다. 같은 동네에 사는 아이들끼리는 놀이를 통해 쉽게 관계를 맺을 수 있었다. 친구들과 즐겁게 놀았던 기억은 고스란히 학창시절로 이어졌다. 집과 가까운 학교에 다녔기 때문에 유아기 때의 친구가 학창시절의 친구로 이어지는 경우가 많았다.

그에 비해 요즘 아이들은 어떠한가? 유치원이나 학교를 마치면 교문 밖에 줄지어 대기 중인 노란 셔틀 버스를 타고 어디론가 향한다. 잦은 미세먼지로 인해 바깥 놀이는 제한된다. 그 대신 스마트폰, TV에 노출되는 시간이 많아졌다. 주말이면 키즈 카페, 테마 파크 등에서 의무감 가득한 표정의 부모들과 놀고 싶은 욕구를 충족시키지 못해 아쉬워하는 아이들을 쉽게 볼 수 있다. 과도한 치맛바람으로 부모가 지정해 준 친구들하고만 관계를 맺어야 하는 아이들도 있다.

집 앞의 학교나 유치원을 다니는 것이 당연했던 과거와는 달리 교육기관의 기능과 개념도 많이 달라졌다. 지금의 유아교육기관은 크게 유치원, 어린이집, 어학원, 놀이학교로 구분된다. 각 기관이 지향하는 바는 조금씩 다르다. 부모는 자신의 양육철학에 맞게 기관을 선택한다. 이런 과정은 초등학교 때도 이어진다. 무상교육인 제도권 교육을 거부하고 대안학교, 국제학교 등에 입학시키는 경우도 많기 때문이다. 이처럼 불과 20년 사이에 아이가 성장하며 마주하게 되는 모든 환경이 달라졌다.

나는 어린아이들에게 운동을 지도하는 일을 하고 있다. 좋은 지도자가 되기 위해서는 아이의 특성을 파악하는 과정이 필요했다. 때문에 아이가 운동을 시작할 때면 부모와 상담했다. 어떤 목적으로 아이에게 운동을 시키고자 하는지 묻기 위해서였다.

부모들의 대답은 천차만별이었다. 내성적인 아이의 부모는 아이가 적극적으로 변했으면 했다. 반대로 승부욕이 너무 강한 아이들의 부모는 아이의 불같은 성격이 다듬어지길 원했다. 이 밖에도 서로 다른 기질을 지닌 아이들을 많이 보게 되었다. 운동의 목적 역시 다양했다. 상담을 마무리할 때마다 느낀 것이 있었다. 모든 부모는 아이가 어떠한 환경에도 잘 적응할 수 있길 바란다는 것이었다.

자녀에 대한 부모의 고민은 대부분 이와 같은 관점에서 출발하게 된다. 다양한 기질을 지닌 아이들은 각기 다른 환경에서 자라난다. 그렇다 한들 결국엔 사회라는 한 공간에서 만나게 되기 때문이다. 마치 모든 강물이 바다에서 만나게 되듯 말이다.

아이가 마주하게 될 사회는 낯선 환경의 연속일 것이다. 사회는 아이들이 모든 일을 스스로 해결하길 기대할 것이다. 나는 부모들의 고민에 사회에 대한 나의 생각을 덧붙여 다음과 같은 정의를 내리게 되었다. 독립심이란? 어떠한 환경에도 잘 적응하고 스스로 문제를 해결하는 힘이다.

요즘 초등학교 1학년 남자아이들에겐 반 축구라는 문화가 있다. 서로 다른 유치원을 졸업한 아이들이 낯선 학교라는 환경에 쉽게 적응할 수 있도록 부모들이 만들어 준 문화다. 축구라는 연결고리를 통하면 친구를 쉽게 사귀게 할 수 있겠다는 생각에서 시작되었다. 언뜻 보면 나무랄 것 없이 좋은 취지다. 하지만 부모가 정해 준 관계의 울타리를 벗어나지 못할 수 있다는 단점이 있다. 특히 낯선 환경에 대한 두려움이 스스로 친구를 사귀지 못하는 데서 비롯되는 아이들에게는 더욱 그렇다.

유치원 때부터 지도한 민수라는 아이가 있었다. 민수는 운동 신경과 공을 다루는 능력이 뛰어났다. 다만 친구들과의 다툼이 잦았고 끈기가 부족한 아이였다. 유치원의 같은 반 친구가 등록하기 전까지 민수는 팀 운동에 쉽게 적응하지 못했다. 그 친구가 등록한 이후 민수는 적응하는 듯 보였다. 그러나 다음과 같은 모습을 보여 주었다. 민수는 늘 친구와 함께 팀이 되길 바랐다. 그렇게 되지 않는 날에는 경기에 참여하지 않았다. 나는 민수가 친한 친구가 있어야지만 즐겁게 운동한다는 사실을 알게 되었다. 자기 자신이 아닌 친구에게 의존하는 민수의 습관을 고쳐 주고 싶었다.

약 6개월 정도 전략적으로 민수를 코칭하며 모든 아이들과 친하게 지내도록 만들어 줄 수 있었다. 스스로 친구를 사귀지 못할 것이라는 두려움을 극복하게 해 준 노력의 결과였다.

이듬해 민수는 초등학교에 입학하게 되었다. 나는 입학식 당일 민수의 엄마로부터 한 통의 전화를 받게 되었다. 같은 반 친구들끼리 팀을 결성했으니 반 축구를 진행해 달라는 전화였다. 알겠다고 대답했지만 민수를 1년간 코칭하며 느낀 것을 토대로 반 축구의 단점에 대해서도 내심 걱정했다. 그렇게 시작한 반 축구를 통해 민수는 학교생활에 쉽게 적응하는 듯했다. 학교에 가는 것을 즐거워했고 늘 밝은 모습을 보여 주어 뿌듯하기도 했다. 괜한 걱정을 했나 싶었다.

그러던 어느 날이었다. 민수가 가족여행으로 2주 정도 결석하게 되어 다른 반에서 보강하게 되었다. 그 반은 서로 다른 학교의 아이들이 개별적으로 등록한 반이었다. 훈련이 시작된 지 10분 정도 지났을 즈음, 갑자기 민수가 울음을 터뜨렸다. 친구가 없어서 하기 싫다고 말했다. 특별히 민수가 부정적인 감정을 느낄 만한 상황이 발생하지 않았음에도 말이다.

그날 저녁, 민수 엄마에게 상담을 요청했다. 그리고 나는 놀라운 사실을 알게 되었다. 민수 엄마는 민수 스스로 관계를 형성하는 것의 중요성을 놓치고 있었다. 민수는 유아기부터 초등학생이 될 때까지 엄마가 정해 준 관계의 울타리 내에서 성장했던 것이다.

축구의 가장 큰 장점은 관계를 맺는 능력과 아이의 정서 지능을 키워 준다는 데 있다. 한 팀으로서 느끼는 정서적 유대감은 아이들에게 스스로 관계를 맺는 기회를 선물한다. 비록 처음 보는 사이일지라도 말이다. 낯선 환경을 두려워하는 아이일수록 이런 기회를 적극적으로 만들어 주어야 한다. 그것이야말로 독립심을 키워 줄 수 있는 부모의 역할인 셈이다.

민수가 유치원에 다닐 때 모든 친구들과 친해질 수 있도록 내가 6개월간 노력했던 과정을 민수 엄마에게 말해 주었다. 민수에게 반 축구는 학교생활에 쉽게 적응하는 데는 도움이 되었을지 모른다. 하지만 낯선 환경에 적응하는 능력을 길러 주는 데는 독이 되었을 수도 있는 것이다. 민수는 이후 반 축구를 하면서 모르는 아이들이 혼합된 반에서도 수업을 듣게 되었다. 어떻게든 민수 스스로 관계를 맺는 능력을 길러 주고 싶었다. 결과는 성공적이었다.

아이가 낯선 환경에도 잘 적응하는 성격이라면 다음은 문제를 스스로 해결하는 습관을 지니도록 도와주어야 한다. 모든 아이들은 네 살 때부터 스스로 무언가를 하려고 한다. 정수기에 비뚤어지게 물 컵을 대고 물을 받기도 한다. 뜨거운 불판 앞에서 자신이 고기를 굽겠다며 고집을 피우기도 한다. 미운 네 살. 무언가를 할 수 있다는 자의식이 생기는 아이와 이성적인 부모와의 입장 차이에서 생겨난 용어다. 이를 인정하고 현명하게 자녀를 설득하려는 부모의 마음가짐은 아이의 자의식을 스스로 문제를 해결하는 습관으로 발전시킬 수 있는 힘이다.

나는 모든 부모가 자녀를 독립심 있는 아이로 키울 수 있다고 믿는다. 독립심 있는 아이로 키우는 데는 비용이 들지 않기 때문이다. 대부분의 부모는 어릴 때부터 아이의 학업과 기타 재능을 살려 주는 데 많은 비용을 들이려고 한다. 하지만 많은 비용을 투자하는 것이 결코 좋은 결과를 이끌어 낸다는 보장은 없다. 좋은 교육환경에서 자라났어도 실패한 삶이 있는 반면, 부모의 지원을 전혀 받지 못했음에도 성공한 삶이 있기 때문이다.

후자에 해당되는 이들에게서는 공통적으로 내가 정의한 독립심이 발견된다. 이를 통해 독립심은 아이의 인생에 부모의 경제적인 도움보다 큰 영향을 미친다는 사실을 알 수 있다. 독립심 강한 아이로 키우는 것이 무엇보다 중요하다는 결정적인 증거다.

## 02 운동은 스스로 선택하고 결정하는 힘을 길러 준다

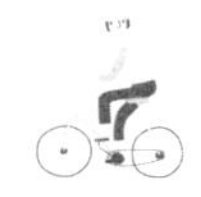

인간은 선천적으로는 거의 비슷하나 후천적으로 큰 차이가 나게 된다.
– 공자

어린아이들에게 운동을 지도하다 보면 사소한 이유로 다투는 광경을 자주 목격할 수 있다. 아이들끼리의 다툼은 대체로 상대방의 잘못을 탓하면서 시작된다. 하지만 운동은 아이들로 하여금 문제를 있는 그대로 받아들이게 한다. 때문에 운동하는 아이는 다툼의 이유가 상대방이 아닌 나에게도 있음을 알게 된다.

나는 현재 한화 이글스의 2군 선수단을 이끌고 있는 최계훈 감독 밑에서 초등학교 2학년 때부터 3년간 야구를 했었다. 당시 내가 희망했던 포지션은 포수였다. 포수만이 착용할 수 있는 마스크와 보호 장비에 이끌렸다. 타 포지션과 다른 커다란 글러브도 매력적이었다. 움직이는 공에 대한 두려움을 없애기 위해 매주 토요일이면 해 질 녘까지 특별 훈련을 받기도 했다. 비록 경기에 참가하지 못할 때도 언젠가 주전 포수가 되겠다고 다짐하며 열심히 훈련에 임했다.

야구를 시작한 지 2년이 되던 해였다. 주전 포수 형의 부상으로 나는 처음으로 주말 경기의 주전 명단에 이름을 올렸다. 나와 호흡을 맞추게 된 투수는 우리 팀에서 가장 믿을 만한 에이스였다. 그토록 꿈꾸던 순간이었지만 경기장에 입장한 순간부터 긴장이 되기 시작했다. 혹시라도 나로 인해 지게 되면 주전 포수 자리는 물 건너갈 것이라는 생각에 경기에 집중할 수가 없었다.

아니나 다를까. 초구부터 옆으로 빠뜨리는 실책을 저질렀다. 다행히 주자가 없었기 때문에 내가 마음만 고쳐먹으면 아무렇지 않은 상황이었다. 하지만 마음속에 가득했던 긴장감을 쉽사리 떨쳐 내지 못했다. 실수는 계속되었고 투수의 공도 점점 이상해지기 시작했다. 한참 글러브를 벗어나는 공도 몇 개 날아왔다. 결국 투수와 포수 모두 교체되었고 우리 팀은 크게 패했다.

경기가 끝난 후 코치는 나를 포함한 모든 선수들을 불러 모았다. 지나치게 긴장한 탓에 진 것이니 다음 경기를 위해서라도 서로에게 한마디씩 위로를 하라고 했다. 그런데 그 순간 나는 투수의 공이 좋지 않았다는 말을 하고 말았다. 어린 나이에 다시는 포수 마스크를 쓰지 못하게 될까 봐 나의 잘못을 투수의 탓으로 돌린 것이다. 그 말을 들은 코치는 본인이 기록한 통계를 나에게 보여 주었다. 나는 팀 실책의 절반 이상이 내가 저지른 것임을 알게 되었다. 통계는 나의 잘못을 객관적으로 보여 주었다.

나로 인해 패배하게 된 팀원 전체에게 미안한 마음이 들었다. 나의 잘못을 인정하기는커녕 투수를 탓하려 했던 내 모습이 너무나도 밉게 느껴졌다. 아쉬움에 포수 글러브를 벗지 않은 상태로 마을버스에 올라탔다. 흙으로 범벅된 유니폼 위로 쉴 새 없이 눈물이 떨어졌다.

그렇게 한참을 울던 도중 문득 이런 생각이 들었다. 오늘 저지른 실수는 힘들다는 핑계로 내가 토요일 특별 훈련을 열심히 하지 않았기 때문에 발생한 것이다. 긴장은 자신이 없어서 하게 되는 것이다. 모든 문제는 나에게 있었다.

그날 이후 특별 훈련을 대하는 나의 태도는 달라졌다. 가장 먼저 운동장에 도착해서 훈련이 끝날 때까지 힘들다는 말 한마디 하지 않고 성실하게 임했다. 당시 나는 초등학교 3학년이었다.

이처럼 아이들은 운동을 하면서 수많은 감정을 경험할 수 있다. 그리고 운동은 아이들에게 상황을 있는 그대로 받아들이고 판단하는 기회를 선물한다. 만약 내가 어릴 때 그런 경험을 하지 못했더라면 잘못을 인정하지 않고 남을 탓하는 습관을 쉽게 고치지 못했을 것이다.

나는 지도자가 된 이후, 어릴 때 운동하면서 느꼈던 여러 가지 감정을 기록해 두었다. 그리고 이를 아이들에게 어떻게 적용해야 효과적인 교육이 될 수 있을지 연구했다. 그중에서도 아이들이 고민하고 선택할 수 있는 주제를 만들어 주는 것은 매우 효과적인 방법이었다.

축구 경기 중 한 아이가 넘어졌다. 자신의 다리에 걸려 넘어졌지만 옆에 있는 친구가 밀어서 넘어졌다고 우는 것이었다. 가만히 있던 친구는 억울한 마음에 넘어진 아이와 다투기 시작했다. 시계를 보니 경기가 종료되기까지 약 3분이 남아 있었다. 나는 두 아이에게 경기가 끝나려면 3분이 남았다고 말하며 축구 경기와 다투는 것 중에 더 하고 싶은 것을 선택하라고 했다. 아이들은 금세 우리가 언제 다투었냐는 듯 경기에 몰입했다. 내가 제시해 준 주제에 대해 짧은 시간 동안 스스로 생각하며 이성적인 판단을 한 증거였다. 고민하고 선택할 주제를 만들어 주는 것은 인성교육으로도 제격이었다.

축구 기술 중에는 드리블이라고 하는 것이 있다. 발을 이용해서 공과 함께 다양한 방향으로 움직여야 하는 기술이다. 하지만 어린아이는 아직 자신의 뜻대로 몸을 움직일 수가 없다. 때문에 드리블을 하다가도 본능적으로 손을 쓰는 경우가 많다. 나는 다음과 같은 경험을 한 후로 규칙을 지키지 않는 경우는 꼭 짚고 넘어가려고 한다.

유독 축구를 잘하고 싶어 하는 아이들이 많은 6세 반 수업을 할 때였다. 공을 발로 이동하되 장애물에 부딪치지 않고 빨리 돌아오는 아이가 점수를 얻는 방식의 놀이를 진행했다. 가장 기본적인 드리블 훈련이다. 그런데 대부분의 아이들이 눈앞의 1점을 얻기 위해 스스로를 속이며 규칙을 어겼다. 장애물에 부딪치는 것은 물론이고 방향을 바꿀 때마다 손을 이용했다. 단지 빨리 들어오면 1점을 얻을 수 있다고 생각하는 것 같았다. 나는 훈련을 잠시 멈추고 아이들에게 물었다.

지금 1점을 얻고 축구를 못하고 싶은지, 아니면 규칙을 지키면서 축구를 잘하는 사람이 되고 싶은지. 나는 아이들이 자기 자신을 속이면서 얻는 1점보다 규칙을 지키는 것이 더 큰 가치가 있다는 판단을 하게 되리라 믿었다. 그리고 믿음은 현실이 되었다. 아이들은 전부 규칙을 지키려고 노력하는 모습을 보여 주었다. 나는 변화하는 아이들의 모습을 칭찬해 주었다. 그때부터 나는 알려 주고 싶은 덕목을 칭찬거리로 만들기 시작했다.

눈에 보이는 보상을 해 주고자 칭찬 카드를 만들었다. 칭찬 카드를 20장 모아 오면 상품을 제공했다. 그리고 카드를 붙이는 종이에는 축구를 통해 성장했으면 하는 항목들을 적어 두었다. 친구가 넘어졌을 때 일으켜 주기, 보이지 않는 곳에서 규칙을 잘 지키려고 노력하기 등이 그 예다. 종이에 적혀 있는 행동을 할 때마다 칭찬과 함께 칭찬 카드를 지급했다. 아이들의 입장에서는 자신의 행동에 대한 옳고 그름을 판단할 기회가 생긴 셈이다. 이로 인해 훈육이 아닌 방식으로도 자연스럽게 인성교육이 이루어질 수 있다는 것을 느꼈다.

나는 어린아이를 상대하는 지도자들에게 가르치는 것(운동)보다 가르치는 대상을 먼저 파악하라고 교육한다. 아이들은 기질적으로 전부 다르다. 때문에 운동을 통해 개선해야 할 부분 역시 다르다. 나만 아는 아이에게는 배려심을, 쉽게 포기하는 아이에게는 인내심을 길러 주어야 한다. 나는 칭찬해 줄 만한 상황을 만들어 낸 뒤 칭찬 카드로 보답하는 방식을 택했다. 지적받았던 부분들이 되레 칭찬이 되어 돌아올 때의 쾌감은 감정 이상의 힘이 있음을 내 삶 속에서 느꼈기 때문이다.

부모님은 내가 어릴 때 무엇 하나 끝까지 제대로 하는 게 없다며 속상해했다. 공부도 그렇고 운동도 마찬가지였다. 하지만 야구를 하면서 끈기 있고 승부욕이 강한 아이라는 칭찬을 받게 되었다. 이후 나는 스스로를 끈기 있고 승부욕이 강한 아이로 자라게 했다. 무엇이든 계획한 것은 꼭 실천할 수 있다는 믿음을 지녔다.

고등학교 2학년 여름방학 때는 살을 빼자고 다짐했다. 그러곤 한 달 만에 17킬로그램을 감량한 적도 있다. 단 한 번의 칭찬이 비로소 무엇이든 끝까지 제대로 하는 모습을 갖추게 했다.

스물여섯 살이 되던 해, 대학을 중퇴하고 운동 지도자의 길을 택했다. 하지만 축구 지도자 자격증을 취득했음에도 선수 출신이 아니라서 코치로 일할 수 있는 곳이 없었다. 때문에 무급으로 지도자 경력을 쌓아야 했다. 가끔 대기업에 다니는 친구들을 만날 때면 돈이 없는 내 모습이 초라해 보인 적도 있었다. 하지만 그럴 때일수록 내가 선택한 인생에 책임을 져야 한다는 생각이 컸다. 그 책임감은 간절함으로 이어졌고 결국 지도자들을 교육할 수 있는 위치에까지 오르게 되었다.

20대의 나의 좌우명은 "후회할 짓을 하고, 후회를 하고, 다시는 그 행동을 하지 말자."였다. 모든 선택에 대한 후회도 내 몫이고 해결하는 주체도 나여야만 했다. 그리고 이 과정은 운동하며 길러진, 상황에 대한 이성적인 판단 능력이 있었기 때문에 가능했다. 모든 운동에는 목표를 실천하고 이성적인 판단을 해야 하는 순간이 존재한다. 운동하는 아이는 이런 과정을 통해 스스로 선택하고 결정하는 힘을 기를 수 있을 것이다.

# 03 내 아이에게 맞는 운동은 따로 있다

천재는 노력하기 때문에 어떤 분야에서 뛰어난 것이 아니다.
뛰어나기 때문에 그 분야에서 노력한다.
– 윌리엄 해즐릿

아이의 첫 운동은 매우 중요하다. 첫 운동에 대한 기억이 또 다른 운동을 대하는 마음자세로 이어지기 때문이다. 나의 첫 운동은 수영이었다. 목욕탕을 자주 가 보지 못했던 나는 유난히 물을 무서워했다. 수영 반에 등록했지만 나는 2주가 넘도록 물에 들어가지 못했다. 매번 용감하게 물에 들어가는 친구들을 멍하니 바라보는 내 모습이 수영장 전신 거울에 비춰졌다. 겁에 질린 내 모습을 보며 수영이 싫어졌다. 결국 두려움을 극복하지 못한 채 등록한 지 얼마 안 되어 수영을 그만두게 되었다. 운동에 대한 막연한 두려움이 생기고 있던 시기였다.

그러던 어느 날, 아버지가 회사에서 야구 배트를 선물로 받아 오셨다. 알루미늄 배트를 만져 보며 야구에 대한 호기심이 생기기 시작했다. 호기심은 나를 야구장으로 이끌었다. 얼마 후 나는 부모님께 야구를 제대로 배우고 싶다고 말했다. 그렇게 시작한 나의 실질적인 첫 운동인 야구는 다행히도 나와 맞는 운동이었다. 만약 야구팀이 해체되지 않았더라면 지금쯤 야구선수가 되었을지도 모른다. 야구는 무엇이든 노력하면 할 수 있다는 생각을 갖게 해 준 운동이었다. 그리고 이런 마음자세는 나로 하여금 다시 수영에 도전하게 했다. 마침내 나는 물에 대한 두려움을 극복하게 되었다.

여덟 살 승현이의 엄마에게서 전화가 한 통 걸려 왔다. 어머니는 아이가 축구에 그다지 흥미를 못 느끼는 것 같아 축구를 그만둬야겠다고 말했다. 만약 그런 이유라면 당연히 그만두는 것이 맞다. 운동에 대한 마음자세는 흥미에서 출발하기 때문이다. 하지만 나는 매우 의아했다. 승현이는 훈련에 능동적으로 참여하고 주장이 되어 아이들에게 작전을 지시하는 타입의 아이였기 때문이다.

나는 승현이 엄마에게 매주 업로드하는 수업 영상을 혹시 보고 계시는지 물었다. 승현 엄마는 가끔 보는 영상에서 승현이가 매번 골키퍼만 하고 있다며 속상해했다. 소극적으로 보이는 승현이의 모습이 축구에 관심이 없기 때문이 아니겠느냐는 말과 함께 말이다. 하지만 내가 지켜본 승현이는 볼 감각이 뛰어나고 매우 적극적인 아이였다. 때문에 엄마의 말은 사실이 아니었다.

승현이는 감투를 좋아하는 아이였다. 주장, 골키퍼, 조커 등 혼자만 가질 수 있는 감투를 좋아했다. 내가 처음 야구를 했을 때 유일하게 마스크를 쓴 포수에게 이끌렸던 것과 동일한 감정이다. 실제로 승현이는 빨간색을 좋아하지만 빨간 공 여러 개와 파란 공 1개가 있을 때는 꼭 파란 공을 집어 들곤 했다. 감투를 좋아하는 것은 기질이다. 그리고 이런 기질을 가진 아이들은 생각보다 많다.

나는 감투 이론과 골키퍼의 연관성을 설명하며 승현이의 기질에 대해 확인차 질문했다. 그랬더니 어머니는 승현이가 감투를 좋아하는 기질이라고 했다. 그러면서 수업 영상을 경기 위주로만 봤는데 다시 보겠다고 말했다.

그날 밤 승현이 엄마에게서 장문의 문자 메시지가 도착했다. 통화가 끝난 이후, 승현이와 함께 한 달간의 수업 영상을 모두 시청하면서 생각이 바뀌었다는 내용의 편지였다. 승현이는 훈련 중에 자신이 했던 역할과 그동안 배운 축구 기술에 대해 눈을 반짝이며 설명했단다.

승현이가 골키퍼를 선호했던 또 다른 이유가 있다. 승현이는 아빠와 함께 매주 조기축구회에 나가 어른들의 경기를 본다고 했다. 아빠는 달리기가 빠르고 골을 잘 넣는데 패스를 안 해서 아저씨들이 싫어한다는 말도 한 적이 있다. 그래서 승현이는 아빠와는 달리 패스를 많이 할 수 있는 위치가 좋다고 했다. 어린 나이에 골을 넣는 것만큼 막는 것도 중요하다는 것을 깨달은 승현이가 기특할 따름이었다.

아이의 기질마다 맞는 운동 종목이 있다. 승현이는 감투를 좋아하며 배려심이 깊은 아이였다. 팀 운동인 축구는 이런 승현이의 성격과 잘 맞아떨어졌다. 덕분에 3년이 넘는 기간 동안 축구를 하며 운동 실력뿐만 아니라 인성도 함께 성장했다.

지금은 5학년이 된 승현이는 얼마 전 반장이 되었다고 자랑했다. 축구를 한 후로 리더십과 자신감이 많이 향상되었다는 엄마의 말에 지도자로서 내심 뿌듯했다. 이처럼 아이에게 맞는 운동은 긍정적인 변화를 이끌어 낸다.

내겐 초등학교 3학년짜리 조카가 있다. 여섯 살 때까지만 해도 낯가림이 심하고 이기적인 모습을 지닌 외동딸이었다. 반면 친한 친구들과 있을 때는 매우 활동적인 아이였다. 친척 형 내외는 조카의 사회성을 길러 주고 싶다며 축구 교실에 등록했다. 마침 그때는 내가 스페인으로 축구 지도자 연수를 다녀온 직후였다.

연수 기간 중, 스페인 유소년 축구클럽들의 훈련을 매일 참관하며 우리나라와 다른 점을 기록해 두었다. 그중 하나가 바로 축구를 즐기는 여자아이의 비율이었다. 스페인의 여자아이들은 놀라울 정도로 적극적인 모습으로 축구 훈련에 임하고 매우 즐거워 보였다. 당시 동행했던 안나라는 여자 통역사는 본인도 어릴 때 축구를 배웠다고 했다. 축구를 하며 자신감이 생겼고 대인관계에 있어 적극적인 성격을 지니게 되었다는 말도 덧붙였다.

축구를 하던 스페인 소녀들의 행복한 표정과 안나의 말을 떠올리며 나는 조카의 등록을 흔쾌히 환영했다. 또한 조카를 통해 여자아이들도 즐겁게 축구를 배울 수 있다는 것을 꼭 증명해 보이고 싶었다.

처음 축구 수업에 들어간 조카는 쭈뼛쭈뼛 수업에 잘 참여하지 않았다. 흥미를 느끼지 못하는 듯했다. 하지만 축구 수업의 특성상 한 팀이 되어 훈련을 진행하면 좋든 싫든 대화를 하게 된다. 그렇게 친구를 사귀게 되면서 조카의 수업 태도는 달라지기 시작했다. 조카가 축구를 즐겁게 여기기까지는 그리 오랜 기간이 소요되지 않았다.

이듬해 대한축구협회에서 주관하는 전국 유아 축구대회가 열렸다. 조카도 참가하게 되었다. 첫 대회인지라 긴장했을 법도 한데 조카는 사뭇 진지한 표정으로 파이팅을 외치고 경기장에 들어섰다. 총 세 경기를 뛰게 되었다. 어떤 경기에서는 골키퍼를 자청하고 날아오는 공을 제법 잘 막아 냈다. 경기가 끝난 후 기특한 마음에 칭찬해 주었다. 그랬더니 조카는 대회가 매우 즐거웠다고 말했다. 대회 이후 조카는 낯선 친구를 만나도 적극적으로 대화를 주도하는 성격으로 발전했다.

아직도 많은 부모들이 여자아이가 땀 흘리며 운동하는 것의 중요성을 느끼지 못한다. 나는 조카를 보며 운동을 선택하는 기준은 성별보다는 성격이 되어야 함을 느꼈다. 여자아이는 드레스를 입고 발레를 배워야 한다는 생각은 시대착오적 발상이다. 여성의 지위는 과거에 비해 크게 높아졌다. 그만큼 여자아이 역시 당당하고 자신 있는 아이로 자라야 할 권리가 있다. 성별로 인해 운동을 선택하는 폭이 좁아지지 않았으면 한다.

모든 운동에는 종목별로 고유의 장점이 있다. 나는 야구를 하며 얻은 자신감을 다양한 종목에 대입하면서 각 운동별 장점을 고루 습득했다. 운동의 중요성을 알고 있는 부모라면 그다음은 아이의 성격과 기질에 맞는 운동을 찾아 주도록 하자. 이때 중요한 것은 성별 혹은 부모의 성향은 최대한 배제해야 한다는 것이다. 내 아이에게 맞는 적절한 운동을 선택해 주는 것이야말로 중요한 부모의 역할임을 강조하고 싶다.

04

# 부모의 태도가 아이의 독립심을 결정한다

마땅히 행할 길을 아이에게 가르치라.
그리하면 늙어도 그것을 떠나지 아니하리라.
– 잠언 22:6

금수저란 태어날 때부터 금을 물고 태어난 자녀, 부의 세습을 풍자한 신조어다. 나 역시 그 논란의 중심이 된 적이 있었다. 대학을 잠시 휴학하고 아르바이트와 무급 코치 생활을 하며 전전긍긍하고 있었다. 그런 내게 한 친구가 어머니의 유치원을 물려받으면 되지 않느냐고 물었다. 하지만 나는 진심으로 좋아하는 일을 하면서 성공하고 싶었다. 내 꿈을 믿고 대학을 중퇴하겠다고 결심했던 때였다.

어머니는 늘 진심으로 아이들과 부모들을 위하는 자세로 살아오셨다. 30년째 한결같은 모습이다. 지금도 아침이면 유치원 아이들이 먹을 아침밥을 직접 만드신다. 나는 그런 어머니를 보고 자랐다. 때문에 나 역시 아이들을 상대하는 직업을 택했고 어머니

같은 선한 기업가가 되고 싶었다. 어머니의 유치원을 물려받는 것보다 내가 가진 달란트를 활용하고 싶었다. 그를 통해 부모님이 자랑할 만한 아들이 되었으면 했다. 여느 유치원 원장의 아들과는 다르게 부모님의 일에 도움이 되는 다른 사업을 하고 싶었다. 친구가 지닌 생각은 선입견임을 보여 주어야겠다고 결심하게 되었다.

어머니는 자신이 꾸려온 교육사업으로 사회에 기여하고 싶어 하셨다. 그 소원을 이뤄 드리기 위해서 나는 간절하게 독립심 강한 아이로 자라날 수밖에 없었다.

캥거루족이란 무엇인가? 사전적 의미를 검색해 보면 여러 가지가 있다. 하지만 나는 자신보다 부모에 대한 믿음이 더 강한 부류라고 정의하고 싶다. 어릴 때부터 스스로 판단하는 기회가 부족했던 아이는 어른이 되어서도 습관적으로 부모를 찾게 된다. 배우자를 고르는 데도 부모의 성향을 강하게 반영한다. 직업을 결정하는 것도 마찬가지다. 내 주변에도 이런 부류가 몇 있었다. 그리고 이들에게는 공통적으로 세 가지 특징이 있다.

첫째, 뚜렷한 인생의 로드맵이 없다. 부모 또는 그런 존재에 기대어 살아왔기 때문에 스스로 계획하고 실천하는 것에 익숙하지 않다. 계획하고 실천하는 것은 결국 자신의 판단에 대한 믿음으로 이어진다. 꿈을 꾸는 것도 그 믿음이 있어야 가능한데 그들은 그러지 못한다. 내가 대학을 졸업하지 않겠다고 선언하면서 부모님께 했던 말이 있다.

"만약에 후회하는 일이 생겨도 부모를 탓하는 자식이 되진 않을 테니 믿어 보세요."

이렇게 뱉어 놓은 말을 지키기 위해서는 구체적인 실천과 꾸준한 노력이 필요했다. 당시 나를 말렸던 선배들 중의 한 명이 최근 내게 고민을 토로했다. 박사학위를 취득했음에도 앞으로의 삶이 막막하다고 말이다. 부모나 선배의 말을 따라 학위만 좇아 온 자신의 삶을 30대 중반이 된 지금 객관적으로 바라보기 시작한 것이다.

둘째, 자신의 생각을 말할 때 남의 눈치를 많이 본다. 혹시 아이가 무언가를 스스로 하려고 할 때 무의식적으로 대신해 주려는 성향을 지니고 있는가? 그렇다면 지금이라도 생각을 바꾸어 볼 필요가 있다. 아이가 자신보다 부모에 대한 믿음만 커져 가는 중이기 때문이다. 아이가 어릴수록 결과를 완성해서 주는 것이 아니라 과정을 도와야 한다. 할 수 있는 데까지는 스스로 하게 연습을 시키고 정말 어려울 때 도움을 청하게끔 말이다. 운동화 끈을 묶는 것을 예로 들어 보자. 이 말은 부모가 대신 묶어 주지 말아야 한다는 뜻이다. 부모가 매듭짓는 과정을 옆에서 보여 주며 스스로 할 수 있도록 도와야 한다는 뜻이다.

성취할 수 있는 동기를 아이의 눈높이에 맞게 마련해 주는 것도 중요하다. 그것이 무엇이든 성취했을 때는 또 다른 성취를 하고 싶게끔 칭찬으로써 자신감을 불어넣어 줘야 한다. 그렇게 들인 습관은 아이에게 자신을 믿는 능력을 갖게 해 준다.

고등학교 3학년 때였다. 피아노 치는 것을 즐겼던 나는 학교에서 밴드부 건반을 맡고 있었다. 중학교 때부터 반에서 축구를 잘하기로는 다섯 손가락 안에 들기도 했다. 진로 상담을 위해 부모님이 학교에 오셨는데 담임교사는 내가 예체능 쪽에 소질이 있다고 했다.

그날 저녁 집에서 부모님과 진로에 대해 대화를 나누게 되었다. 내가 하고 싶은 일이 무엇인지, 원하는 진로가 무엇인지 말씀드렸다. 음악과 체육 중에 하나를 택하고 싶었다. 보수적인 아버지는 취업하기 좋은 이공계열을 선택하라 하셨다. 하지만 나는 행복하게 살고 싶다며 거부했다. 결국 뜻하지 않은 다툼으로 번지며 내 진로는 쉽게 정해지지 않을 듯했다.

다음 날 아침, 어머니는 나에게 가수 박진영과 이적에 대해 얘기해 주었다. 그들은 자신이 하고 싶은 음악을 하기 위해 명문대에 진학해서 떳떳하게 자신의 미래를 개척했다면서 말이다. 또한 체육을 하고 싶다면 똑똑한 체육인이 되어 운동하는 사람들에 대한 세상의 선입견을 깨 달라고 했다. 어머니의 말은 고집 센 부자간의 충돌을 해결할 수 있었던 가장 현명한 절충안이었다.

그날 이후, 나는 무대에서 멋지게 음악을 하는 내 모습과 좋아하는 운동을 평생 하는 그림을 그리며 공부했다. 대학에 진학하는 것은 좋아하는 일을 떳떳하게 하기 위한 하나의 과정이라고 인식했다. 2004년 12월 16일 성균관대학교 공학계열에 합격했다는 통지서를 받았다.

나는 내 생각을 적극적으로 표현할 줄 아는 아이였다. 때문에 어머니는 무조건 공부하라는 식이 아닌, 나를 위한 맞춤형 동기를 제공해 준 것이다. 그때부터 공부는 내 의견에 힘을 실어 줄 도구, 내 생각을 소신 있게 말하게 해 주는 힘이었다.

셋째, 관계를 맺는 데 수동적이다. 누군가와 친해지고 싶어도 쉽게 말하지 못한다. 좋은 감정, 싫은 감정을 적극적으로 표현하지 못한다. 결국엔 관계를 맺지도 못하거나 끝맺음이 좋지 않다. 내가 이 감정을 표현하면 저 사람이 날 어떻게 볼까? 하며 지나치게 눈치를 본다. 게다가 관계를 맺기 위한 방법을 잘 알지 못한다. 때문에 가끔 잘못된 방식으로 애정을 표현한다. 이런 행동으로 인해 결국 친구들의 호감을 얻지 못하게 된다. 그러다 보니 관계에 대한 자신감이 계속 낮아지게 되는 것이다.

이런 아이들은 부모가 자신을 누군가와 비교하는 것에 크게 상처를 받는다. 그로 인해 낮아진 자존감이 부모에 대한 원망으로 돌아오는 경우도 더러 있다. 자존감은 자신감을 담는 그릇이기 때문이다. 아이가 자신감을 갖게 하기 위해서는 자존감을 높여 줄 수 있는 대화법을 실천하는 것이 매우 중요하다.

가령 아이의 입장에서는 애정표현이었던 행위가 상대방에게 불쾌하게 느껴져 발생한 다툼이 있다고 하자. 부모는 지나치게 객관적으로 아이의 행위를 비판하기 전에 아이의 입장을 먼저 어루만져 줄 필요가 있다. 아이의 입장에서는 상대방의 편을 들어 주는 부모로 인해 자신의 존재가치에 대해 회의감을 느낄 수 있기 때문이다. 부모가 내 편이라는 확신을 준 후에 상대방의 입장도 배려하는 방법을 가르쳐야 한다는 뜻이다.

자신을 믿는 것만큼 중요한 것은 없다. 스스로 개척해야 할 인생이 부모의 보호를 받는 기간에 비해 훨씬 길기 때문이다. 그래서 현명한 부모는 아이가 의존적인 것을 당연하다고 여기지 않는다. 아이의 기질을 파악하고 그에 맞는 코칭을 통해 아이의 잠재력을 이끌어 준다. 그렇게 자라난 아이는 부모가 경제적인 뒷받침을 해 주지 못해 위기가 찾아와도 부모를 원망하지 않는다. 오히려 자신이 스스로 헤쳐 나가야 할 문제임을 인식하고 극복하기 위해 최선을 다한다. 아이의 잠재력을 이끌어 주는 부모가 될 것인가? 부모에게 의존하는 아이로 키워 캥거루족이 되게 할 것인가?

# 05 독립심 강한 아이의 미래는 밝다

생각하는 것을 가르쳐야 하는 것이지,
생각한 것을 가르쳐서는 안 된다.
– 코르넬리우스

앞서 독립심이란 어떠한 환경에도 적응할 줄 알며 문제를 스스로 해결하는 능력이라고 말했다. 내 주변에는 이런 능력을 토대로 세상의 소리보다는 내 안의 소리에 집중해 성공한 친구들이 몇 명 있다. 그들은 자신이 해야 할 일이 무엇인지 스스로 판단했다. 경쟁심을 건강하게 이용했다. 위기의 상황일수록 미래를 시각화했다. 그 결과 자신이 원하는 삶을 개척하며 남들이 부러워할 만한 성공을 거머쥐게 되었다. 다음 세 친구의 이야기를 통해 독립심이 인생에 미치는 영향에 대해 말하고 싶다.

연 매출 100억 원을 올리는, 외식업계 CEO인 친구 이야기부터 하고자 한다. 고등학교 때 전교 체육부장을 맡았던 그 친구는

2005년 한국체육대학교에 입학했다. 스무 살, 우리는 서로의 대학 생활에 취해 왕래가 잦지 않았다. 그러던 어느 날, 중고 트럭을 매입해 대학가 주변에서 소시지를 판매한다는 그 친구의 근황을 듣게 되었다. 당시 나는 대학을 졸업한 후 대기업에 취업하는 것만이 성공이라고 생각하기 시작했을 때였다.

마침 동창 모임이 있어서 그 친구를 만나게 되었다. 난 그 친구에게 갑자기 왜 그런 일을 하는지 물었다. 친구는 장사를 하고 싶었기 때문이라고 했다. 자신이 잘할 수 있는 일이라는 생각이 들었다고 했다. 과연 성공할 수 있을까 하는 의문을 뒤로한 채 나는 군에 입대했다. 제대 후 시간이 흘러 만나게 된 친구가 이번에는 조개구이집에서 아르바이트를 하고 있었다. 마음이 맞는 친구가 있어서 곧 사업을 시작할 것이라고 했다. 사업을 운영하는 데 필요한 유통 및 판매 과정을 배우려고 아르바이트를 한다는 말과 함께 말이다.

스물여섯이 되던 2011년 9월, 그 친구는 '조개 폭식'이라는 이름으로 무한 리필 조개구이집을 개업했다. 이미 구체화되었던 목표와 실천하는 습관은 놀라운 속도로 성공을 이끌어 냈다. 지금은 전국에 수십 개의 분점을 두고 있다. 성공 노하우를 토대로 곱창, 족발, 양고기, 치킨 등의 새로운 메뉴에도 도전했다. 그 결과 자신이 그렸던 삶의 모습을 성공적으로 이뤄 낸 것이다.

아이 스스로 자신이 잘하는 것과 좋아하는 것을 파악하지 못한다면 미래를 떠올릴 때 막연함과 두려움이라는 감정부터 생긴다. 반면 어릴 때부터 자신을 파악하고 도전과 성취를 반복한 아이는 미래를 준비하는 과정이 구체적이고 적극적이다. 그 과정이 결과를 내기 위함임을 믿게 되기 때문이다. 다음에 언급할 두 가지 사례에도 이 과정은 포함된다.

중학교 3학년 때 전학을 가게 된 경기도 부천에는 지금은 사라진 고입 시험이 있었다. 예상보다 치열했던 학업 분위기에 전학생으로서 매우 놀랐다. 낯선 환경이었지만 적응해야 했다. 영어 단어를 외우는 방법도 잘 모르던 나에게 손바닥만 한 수첩을 들고 다니는 한 친구의 모습은 인상적이었다.

꼼꼼한 생활습관이 나와는 상반되었지만 무언가에 이끌려 호기심을 가지게 되었다. 그 친구와 함께라면 재미있게 공부도 할 수 있고 성적도 향상될 것 같았기 때문이다. 장난기 많은 성격 탓에 우린 금방 친해질 수 있었다. 반대인 부분도 많았지만 생각하는 것은 비슷했다. 친구들과도 잘 어울리고 미래를 준비해야 한다는 가치관도 마찬가지였다. 겨울방학 때는 함께 도서관에서 공부했고 성적도 서로 상향되면서 비슷해졌다.

둘 다 축구를 좋아하는 것도 관계를 형성하는 데 한몫했다. 공부가 안 될 때는 축구공을 가지고 한 시간 정도 함께 운동했다. 당시 우리 집이 이사를 가는 바람에 친구와 나는 다른 고등학교에 진학했다. 하지만 주말이면 운동과 공부를 하기 위해 만났다. 놀 땐 놀고 할 땐 하자는 생각이 비슷했기 때문이다. 자신만의 공부법도 공유하며 서로에게 좋은 영향을 미치고 싶어 했다. 나는 수학 공부를 할 때 교과서를 반복해서 쓰며 기본을 다진 후 문제를 풀었다. 반면 친구는 오답 노트를 정리하며 자신의 깨달음을 자신만의 방식으로 이해하려 했다.

우린 슬럼프가 올 때마다 만났다. 무슨 공부를 어떻게 했는지 이야기하면서 서로의 노력을 응원해 주었다. 어른들의 눈에는 당연히 해야 했던 공부였겠지만 우린 서로를 응원하고 위로하는 관계였다.

이렇듯 독립심이 강한 아이는 서로 존중할 수 있는 친구를 사귄다. 건강한 경쟁심이란 상대를 이기려는 마음이 아니다. 함께 목표를 성취해 오래도록 힘을 줄 수 있는 관계를 유지하고 싶은 마음이다. 아이가 관계를 맺을 때 지나치게 우위에 있으려고 하거나 열등감을 가지고 있다면 바로잡아 줄 필요가 있다.

우리는 각각 성균관대 공대, 경인 교대에 입학했다. 내가 군대에 있을 때 친구가 면회를 왔다. 우린 앞으로의 삶에 대해 대화를 나누었다. 친구는 과외 아르바이트를 하는 것이 적성에 맞고, 자신의 장점을 살려 학원을 운영해 보고 싶다고 했다. 나는 친구의 꿈을 응원했고 친구는 목표를 세워 하나씩 실천했다.

친구는 현재 유능한 수학 강사가 되어 고등학생들을 위한 메신저의 삶을 살고 있다. 자신이 맡은 학생들에게 건강한 경쟁 상대의 중요성을 말할 때마다 내 얘기를 한다고 한다. 나 역시 마찬가지다. 그 친구의 존재는 전학생 신분으로 모든 것이 낯설었던 학창시절을 건강하게 이겨 낼 수 있었던 원동력이었다.

미국의 42대 대통령 빌 클린턴은 가정폭력이 심각한 집에서 자라났다. 재혼한 어머니와 새아버지는 불화했다. 그것을 견디지 못할 때마다 이겨 낸 후의 미래를 생각하며 마음을 다잡았던 클린턴의 일화는 많은 이들에게 용기를 주었다. 현직 치과 의사인 친구가 자신에게 가장 힘이 되었던 사례라면서 해 준 이야기다.

중학교 때까지 공부와는 거리가 멀었던 친구는 고등학교에 진학하고 긍정적인 영향을 주는 집단과 관계를 맺기 시작했다. 그 영향으로 좋은 대학에 가야 한다는 인식을 갖고 공부를 시작했다. 늦게 시작한 공부는 성적에 대한 압박감을 키웠고 설상가상으로 부모님의 이혼 위기가 닥쳤다. 하지만 친구는 위기를 스스로 극복하겠다고 결심했다. 남을 따라 하는 공부가 아닌 진짜 공부의 목적이 생긴 것이다.

손재주가 좋아 인테리어 전문가, 화가를 꿈꿨던 친구는 자신의 재능을 살릴 수 있는 치과 의사가 되겠다고 다짐했다. 머릿속에 치과 의사가 된 순간의 삶을 생생하게 그렸다. 늦게 시작한 공부였다는 것을 스스로에게 되새기며 노량진 기숙학원에 들어가 1년을 더 공부했다. 그러곤 스스로에 대한 존중과 자신의 미래를 시각화하며 꿈을 이뤘다.

세 친구 이외에도 성공한 삶을 살고 있는 이들에게서 발견되는 공통점은 독립심이다. 그들은 자신이 가진 잠재력을 굳게 믿고, 관계의 힘을 이용하며 산다.

꿈을 꾸는 법을 잊은 어른은 있어도 꿈꾸지 않는 아이는 없다. 그래서 부모는 아이의 꿈을 응원하면서도 한편으로는 두려워한다. 하지만 아이의 잠재력은 부모의 온전한 응원과 아이의 독립심이 갖춰졌을 때 발휘된다는 것을 삶 속에서 느꼈다. 미래는 더 이상 아이들에게 학벌과 취업을 강요하지 않을 것이다. 성공의 모습도 다양해질뿐더러 행복한 삶의 기준도 달라질 것이다. 다만 자신이 좋아하는 일을 하며 그로 인해 얻는 질 좋은 삶이 행복한 삶이라는 사실은 분명하다. 때문에 부모는 아이로 하여금 행복한 삶을 위해 구체적으로 어떤 과정을 겪어야 하는지 스스로 설계할 수 있도록 키워야 한다. 그렇게 자란 아이의 미래는 분명 밝을 것이다.

06

# 운동하는 아이는 스스로 삶을 개척한다

우리가 무슨 생각을 하느냐가 우리가 어떤 사람이 되는지를 결정한다.
– 오프리 윈프리

요즘 부모들은 자녀의 학업 능력을 가장 우선시하지 않는다. 이는 내가 매년 1~2월 지역별 유치원에 오리엔테이션을 다니면서 느낄 수 있었다. 모든 사립 유치원에서는 오리엔테이션을 통해 다양한 프로그램을 소개하면서 관심을 유도한다. 이 중 부모들이 가장 관심을 갖고 듣는 것이 예체능 쪽이었다. 특히 우리 솔뫼 스포츠의 방과 후 스포츠 활동에 대한 프레젠테이션이 시작되면 부모들의 집중도가 매우 높아진다.

프레젠테이션을 마치면 보통 유치원의 반 하나를 빌려서 상담실로 사용한다. 매년 상담하면서 알게 된 사실이 있다. 요즘 부모들은 리더십과 대인관계를 어릴 때 가장 키워 주고 싶은 덕목으로 생각한다는 것이었다.

이 일을 시작한 초창기부터 나는 부모와 아이가 함께 대화할 거리를 만들어 주고자 수업 영상을 업로드했다. 이를 통해 아이가 좋아하는 운동에 부모가 관심을 갖게 되었다. 그럼으로써 자연스럽게 아이의 능동적인 참여를 이끌어 낼 수 있었다. 올해 다섯 살이 된 내 아들도 방과 후 축구를 하기 시작했다. 나는 부모의 입장에서 수업 영상을 보게 되었다. 내 아이만 보게 되는 부모들의 공통 현상이 나에게도 벌어졌다.

내 아들은 집에서는 자신이 하고 싶은 놀이만 해야 하는 자기주도형 아이이다. 장점을 잘 살려 주면 리더십 있는 아이로 자랄 것이다. 하지만 얼핏 잘못하면 이기적인 아이로 자랄 수 있는 성향을 지니고 있다. 원하는 걸 얻지 못했을 때는 짜증과 울음으로 부모와의 타협을 거부하는 경우도 많다. 때문에 수업 영상을 볼 때는 이런 모습을 예상하고 지켜보았다. 물론 처음에는 예상대로 자신이 하고 싶은 대로 하는 모습이 많이 보였다.

하지만 얼마 전부터 수업 영상을 보면 규칙을 지키면서 즐거워하는 모습이 보이기 시작했다. 어떤 훈련에서는 자신이 얻은 점수를 직접 세며 친구들의 점수와 비교하는 모습도 보였다. 영상 속의 내 아이는 주가 거듭될수록 놀랍게 변화하고 있다. 축구를 가르치면서 많은 아이들의 변화를 이끌어 냈지만 정작 내 아이의 변화를 보면서 매우 놀라웠다. 무엇이 내 아이의 변화를 이끌어 낸 것일까?

모든 운동에는 규칙과 그것을 지켰을 때만 승리한다는 냉정함이 존재한다. 우리 아이가 변했다고 처음 느낀 영상 속 훈련의 규칙은 이러했다.

- 공과 멀어지지 않으면서 움직여야 한다.
- 공을 손으로 만지면 안 된다.
- 널브러져 있는 접시콘(과일로 비유)을 자기 자리로 한 번에 하나씩 가져온다.
- 과일이 없어질 때까지 이러한 과정을 반복하며 가장 많은 과일을 얻은 사람이 승리한다.

점수를 얻고 승리하고 싶다는 감정은 누구나 가진 욕망이다. 아이는 규칙을 지키면서 욕망을 성취하기 위해 자신의 신체 능력을 최대한 발휘해야만 한다. 부모와는 타협을 시도할 수 있다. 하지만 운동은 그렇지 않다. 스스로 인정할 수밖에 없는 운동의 냉정함 앞에서 아이는 자신의 능력을 믿을 수밖에 없는 것이다.

소중한 것을 법과 규범을 준수하며 최선을 다해 쟁취하는 것. 이것이 삶의 원리다. 운동은 삶의 원리를 아이들에게 자연스럽게 가르쳐 주는 활동이다. 아이가 즐겁게 운동한다는 것은 규칙이 있는 환경 속에서 스스로의 능력을 개발하는 것을 즐기고 있다는 뜻이다. 곧 자신의 능력으로 살아가는 법을 배우고 있다는 뜻이다.

이런 의미를 가진 운동이 리더십, 대인관계와는 어떤 밀접한 관계가 있을까? 축구 수업이 마무리될 때면 모든 아이들이 한자리에 모인다. 그때 코치와 함께 어깨동무를 하고 외치는 구호가 있다.

"우리는 팀, 우리는 하나, 솔뫼 스포츠 파이팅!"

유아부터 초등학생까지 모두 해당된다. 모든 부모가 아이를 처음 유치원·어린이집에 보낼 때 가장 걱정하는 것은 적응 기간이다.

어린 아이일수록 가족 이외의 누군가와 관계를 맺는 방법에 대해 잘 알지 못한다. 가족은 정서적인 유대감 속에서 아이가 믿고 의지하게 되는 본능적인 관계다. 하지만 그 이외의 인물은 낯선 대상으로 인식되기 때문이다. 운동은 아이의 그런 감정을 즐겁게 해소시켜 줌으로써 자연스럽게 낯선 환경에 적응하게끔 돕는다. 그 과정 속에서 아이는 '나' 이외의 존재도 소중하다는 것을 깨닫게 된다.

여섯 살 진혁이는 처음 축구를 하는 날 울다가 웃다가를 반복했다. 아이마다 공을 하나씩 부여하는 훈련 프로그램에는 매우 즐겁게 참여했다. 하지만 축구 경기의 규칙을 적용한 '미니 게임' 활동을 할 때는 수차례 눈물을 보였다. 공 하나로 5명의 우리 팀이 상대 팀 5명과 겨뤄야 한다는 것을 싫어했다. 우리 팀이 하나가 되어 상대 팀 골대에 공을 차 넣으면 점수를 얻는 것이 규칙이었다. 그것이 진혁이에게는 내 것을 억지로 여러 명이 나눠 갖는 것으로 느껴졌을 것이다.

나는 진혁이의 팀이 골을 넣으면 팀원을 한 명씩 높이 들어 올려 주었다. 일명 로켓 태워 주기다. 진혁이는 이를 통해 우리 팀의 골이 곧 자신의 기쁨으로 돌아온다는 것을 알게 되었다. 진혁이는 한 달 정도가 지난 후부터 자연스럽게 팀의 개념을 숙지하게 되었다. 어린아이들은 '팀'이라는 단어를 숙지하는 데 시간이 꽤 걸린다. 하지만 숙지하게 되면 팀원으로서의 감정을 느낀다. 얼마 후부터 진혁이는 상대 팀이 골을 넣으면 눈물을 보였다. "우리 팀이 져서 속상해요."라는 말과 함께 말이다.

사업 초창기에 리더와 보스의 차이에 대한 그림을 본 적이 있다. 무거운 짐이 놓여 있는 수레를 끌고 가는 상황이다. 이때 리더는 맨 앞에서 팀원과 함께 수레를 끌고 간다. 반면 보스는 수레 위에 올라가 팀원들에게 지시한다. 그림 속 보스보다 리더의 모습이 현대사회에서 필요로 하는 진정한 리더십임을 알려 주려는 것이 그림의 의도였을 테다.

그런 리더십을 펼치기 위해서 가장 먼저 알아야 할 것은 팀원의 감정이다. 운동은 아이들에게 내가 아닌 우리 팀의 감정을 느낄 수 있는 다양한 상황을 제공한다. 나뿐만 아니라 여러 사람들의 감정을 느낄 수 있는 능력은 많은 학자들이 미래를 이끌어 갈

아이들에게 가장 필요하다고 말하는 정서 지능이다.

또한 초등학생들의 경우, 친선 경기가 끝나면 상대 팀 선수들과 악수하고 상대 팀 감독에게 찾아가 "수고하셨습니다."라고 인사한다. 승패를 떠나 열심히 뛰어 준 상대 팀과 그 감독에게 존중을 표하는 것이다. 이런 행위를 통해 앞서 말한 것보다 한 차원 높은 수준의 정서 지능을 경험하고 있는 셈이다. 자신과 가족뿐이었던 어린아이가 운동을 하면서 리더십과 대인관계를 배울 수 있다는 것은 이런 뜻이다.

운동을 하면서 느낀 감정을 아이는 기억하게 된다. 운동은 아이에게 자신의 능력을 향상시켜야 목표를 성취할 수 있다는 것을 깨닫게 한다. 이는 자신의 삶 속에서 마주하게 될 다양한 위기를 스스로 극복하는 능력으로 이어진다. 또한 나와 우리, 상대의 감정이 모두 소중하다는 것을 깨닫게 한다. 이렇게 자란 아이는 관계 속에서 미움 받지 않는 방법을 연구할 것이다. 위기와 관계의 연속인 삶을 스스로 개척하는 독립심을 가지게 되는 것이다.

PART 2

# 똑똑한 운동 습관이 만드는 놀라운 변화

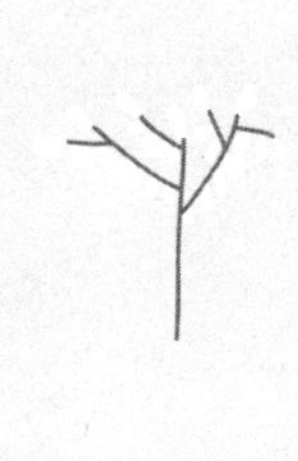

# 01 끈기가 생긴다

세상은 고통으로 가득하지만
한편 그것을 이겨 내는 일로도 가득 차 있다.

아이를 키우면서 느낀 사실이 하나 있다. 혼자서는 아무것도 할 수 없던 아이들이 몸 가누기, 뒤집기, 혼자 일어나기, 걷기 등의 과정을 스스로 해낸다는 것이다. 이는 세상에 태어나 사람으로서 살아가기 위한 첫 관문인 셈이다.

시간이 지나 유치원, 어린이집, 학교를 거치며 아이들이 마주하게 될 과제들은 난이도가 높아진다. 젓가락질하기, 친구 사귀기, 한글 익히기 등 사회의 구성원으로서 '잘' 살아가기 위한 연습이 시작된다. 이때부터 아이들에게는 무엇이든 '잘'하고 싶다는 마음이 생긴다. 자신이 못하는 것은 싫다는 표현으로 대체하고 잘하는 것을 취미로 삼기 시작한다.

진성이는 다섯 살에 축구를 시작하고 일곱 살에 그만두었다. 같은 반 친구가 차는 공이 너무 세서 무섭다는 이유에서였다. 진성이도 강하게 차고 싶은데 그렇게 되지 않아 축구가 싫다고 얘기했었다. 11월생이었던 진성이는 2월생인 그 친구와 9개월이나 차이가 났다. 하지만 이런 물리적인 이유를 들며 설득하기에는 이미 축구에 대한 진성이의 흥미가 떨어져 보였다. 유치원에서 축구시간만 기다리던 진성이가 그만두는 것은 아쉬웠다. 그러나 아이가 즐겁지 않으면 안 된다는 게 나의 지도 철학이기도 했기 때문에 아쉬움은 뒤로하기로 했다.

그런데 진성이가 초등학교 1학년이 되어서 다시 솔뫼 스포츠를 찾아왔다. 진성이의 엄마는 이렇게 말했다.

"얘가 키가 작아서 그런지 애들이 축구에 안 껴 준대요."

반갑기도 했지만 진성이의 마음이 아팠을 것을 생각하니 안쓰러웠다. 진성이는 공을 다루는 감각이 좋았다. 친구들보다 힘은 약해도 순발력, 균형 감각 등 자신이 가진 장점이 분명한 아이였다.

진성이에게 "축구를 잘하고 싶은 이유가 확실히 뭔지 얘기해 줄 수 있어?"라고 물었다. 잠시 머뭇거리던 진성이는 "무시당하기 싫어요. 우리 반에서 축구를 제일 잘하고 싶어요."라고 했다. 함께 해 보기도 전에 키가 작다고 무시하는 친구들이 미우면서도 축구를 잘해서 그것을 극복하고 싶었던 것이다. 기특한 마음에 진성이 엄마에게 어릴 때 내가 수영을 그만두었다가 다시 배우게 된 얘기를 해 주었다.

초등학교 2학년 때 좋아하는 여자아이가 있었다. 그 여자아이를 포함해서 남자 둘 여자 다섯, 이렇게 7명이서 수영장을 가게 되었다. 물에 대한 트라우마가 있던 나는 수영보다는 유아 풀에서 놀 생각으로 합류했다. 남자 탈의실에서 나와 유아 풀에 들어가려는 순간 다른 남자아이 하나가 성인 트랙으로 다이빙을 했다. 1.2미터 수심이 나에겐 너무나도 깊게 느껴졌는데 그 친구에게는 전혀 그렇게 보이지 않았던 듯하다.

갈 때는 자유형, 올 때는 접영으로 헤엄치는 그 친구의 모습에 여자아이들이 전부 멋있다고 박수를 쳤다. 유아 풀 옆에 서 있는 내 모습이 초라해 보였다. 살면서 가장 초라했던 순간을 꼽으라면 아직도 그 장면이 먼저 떠오른다.

그날 저녁, 나는 어머니께 수영을 다시 배우고 싶다고 했다. 그 친구에게 좋아하는 여자아이를 뺏길 것 같다는 속마음은 차마 얘기하지 못했다. 대신 "이제는 물이 안 무서워서요."라고 말했다. 반신반의하던 어머니는 일단 믿어 보겠다며 다시 수영 반에 등록해 주었다. 이후 물을 먹으면서도 좋아하는 여자아이의 얼굴을 그리며 끝까지 버텼다.

운동을 '잘'해야 하는 이유를 분명히 말할 수 있다는 것은 아이 스스로 동기부여를 마쳤다는 뜻이다. 그럴 땐 더 묻지도 말고 아이의 뜻을 지지해 줄 필요가 있다. 쉽게 포기하지 않는 법을 배울 수 있는 절호의 기회이기 때문이다. 힘들 때마다 자신이 잘해야 하는 이유를 떠올리며 버티는 연습을 하기 때문이다.

진성이는 지금 손흥민처럼 영어 잘하는 축구선수가 되는 것이 자신의 목표라고 한다. 그 꿈이 이뤄지길 진심으로 바란다.

윔블던 효과라는 말을 들어 보았는가? 외국 자본이 국내시장을 지배하는 현상을 가리키는 경제 용어다. 윔블던 오픈 테니스 대회의 개최국은 영국인데 반세기 이상 자국 선수가 우승하지 못한 것을 빗댄 표현이다. 영국의 간판 테니스 스타 앤디 머레이는 2012년 76년 만에 윔블던 테니스 오픈 결승에 올라 로저 페더러 선수와 결승전을 치른다. 하지만 엄청난 응원과 부담 때문이었을까? 그는 1:3으로 경기에 패배한다. 경기가 끝난 후 관객들을 향한 인터뷰에서 앤디 머레이는 이렇게 말한다.

"윔블던에서 경기하는 중압감에 대해 사람들이 걱정하지만 여러분 앞에서 경기하는 것은 사실 아주 쉽습니다. 그것은 여러분의 대단한 응원이 있기 때문입니다."

이는 비단 세계적인 선수에게만 해당되지 않는다. 포기하지 않는 힘은 자신의 노력을 인정해 주는 사람이 있을 때도 발휘된다.

그래서 아이가 운동할 때는 가족과 친구 등 주변에서 응원하고 있다고 느끼게 해 주어야 한다.

가끔 축구대회에 응원을 온 부모들이 경기 종료 후 아이의 경기력을 논하는 경우가 있다. 실점의 빌미를 제공했거나 실수를 많이 한 아이에게 "넌 왜 그렇게 못하니?" 등의 질타를 한다. 진정한 응원이란 작은 변화와 발전일지라도 그것을 이끌어 내기 위해 흘린 아이의 땀과 노력을 인정하는 것이다.

다시 수영 얘기로 돌아가 보자. 자유형에서 배영으로 넘어가는 단계였을 때, 가족들과 함께 목포로 여행을 간 적이 있다. 나는 콘도 실외 수영장에서 자유형으로 물속을 헤엄치고 있었다. 그 모습을 밖에서 지켜보던 아버지가 "이제 물에 빠져도 죽진 않겠어. 수영 잘 배웠네."라고 말해 준 적이 있었다. 평소에 칭찬에 인색하던 아버지였다. 때문에 수영하는 내 모습을 칭찬해 주었을 때 힘들어도 꾹 참고 열심히 배운 과정을 제대로 인정받는 기분이 들었다. 내가 '잘'해야 '그들'이 좋아한다. 여기서 그들은 응원해 주는 사람들이다.

유튜브를 통해 스페인의 유소년 축구 경기 장면에서 회복탄력성을 연상시키는 영상을 본 적이 있었다. 골키퍼의 실수로 이기고 있던 경기를 승부차기까지 끌고 가게 된 상황. 실수를 한 골키퍼의 눈물이 비춰지고 승부차기가 시작된다. 승부차기에서 골키퍼는 엄청난 선방으로 자신의 실수를 만회하게 되었다. 경기가 끝난 후 골키퍼는 동료와 가족들에게 휩싸여 헹가래를 받으며 또 한 번 눈물을 쏟는다.

2002년 월드컵 16강 이탈리아전 안정환 선수의 골든 골 장면과 흡사하다. 페널티킥 실축을 만회하기 위해 사력을 다해 뛰었던 안정환 선수는 골든 골을 만들어 내고 8강 진출을 확정했다. 복받쳐 흐르는 그의 눈물 속에는 내가 앞에 언급한 두 가지의 생각이 분명 포함되었을 것이다. '잘'해야 하는 이유와 '그들'의 응원 말이다.

스스로 잘하고 싶은 이유를 알고 주변에서 응원하고 있음을 아는 습관을 들이게 되면 아이는 포기하지 않는 법을 익히게 된다. 그리고 이런 경험을 자주 하는 아이는 목적 있는 삶, 더불어 사는 삶의 가치를 알면서 자란다. 아무리 힘들어도 주변에 힘들다는 말을 하지 않는다. 그 말은 응원해 주는 이들을 지치게 하는 말임을 알기 때문이다. 이런 성향을 가진 아이들이 사회에 나가 자신의 삶을 개척하게 될 때 우리 사회의 미래가 더욱 밝아질 것이다.

# 02 승부욕이 강해진다

장애물을 만났다고 반드시 멈춰야 하는 것은 아니다.
벽에 부딪힌다면 돌아서서 포기하지 마라. 어떻게 벽에 오를지,
벽을 뚫고 나갈 수 있을지, 또는 돌아갈 방법은 없는지 생각하라.

고등학교 2학년 때였다. 남녀공학이었던 우리 학교는 예체능 선택 과목 음악, 미술, 체육 중 하나를 선택하면 같은 과목을 선택한 친구들끼리 반 편성이 되었다. 상대적으로 체육을 신청하는 남자 인원이 많아 두 반이 남자 반이 되었다. 문과 체육반, 이과 체육반. 나는 이과 체육반이었다. 남녀 합반이 아니라서 아쉬웠던 것도 잠시, 우린 운동으로 단합하며 즐거운 시간을 보냈다.

학창시절 체육반으로서 명예를 떨칠 기회는 체육대회가 유일했다. 그중 반 대항 축구는 체육대회의 꽃이었다. 반 대표 중앙 수비수를 맡은 나는 우리 팀의 결승 진출에 공헌했다. 4경기를 하면서 단 1실점만을 허용했다.

예선 경기 도중 기억에 남는 일이 있다. 상대 팀의 공격을 맡

은 친구가 싸움을 잘하고 무섭기로 유명하던 친구였다. 나와는 별로 친하지 않았다. 그런데 수비를 하다 보면 몸싸움은 불가피하다. 잦은 몸싸움을 하다 보니 그 친구의 감정이 과열되어 내 옷을 잡아당기거나 욕을 하곤 했다. 경기에 이기는 것이 중요했던 나는 냉정하고 침착하게 그 친구를 잘 막아 냈다.

경기가 끝나고 함께 수비를 보던 친구가 나를 보며 신기해했다. 평소에 싸우거나 누구와 다투지 않는 나였던 만큼 그 친구를 막을 때 긴장이 안 되었냐고 물었다. 나는 축구를 하는데 싸움이 왜 중요하냐고 대답했다. 운동을 제대로 접한 아이들은 경기 중에 있었던 사소한 다툼은 경기가 종료되면 아무렇지 않게 잊는다. 그 친구 역시 복싱을 했던 친구라 경기가 끝나고 나자 아무 일 없었다는 듯 내게 악수를 청했다.

강한 승부욕을 가진다는 것은 이기기 위해 최선을 다한다는 것을 뜻한다. 지더라도 패배를 인정하고 다음 경기에서 이기기 위해 최선을 다해 준비하는 것이다. 이런 마음은 살면서 도전하게 되는 모든 것들에 최선을 다하고 패배를 교훈으로 삼는 습관을 지니게 한다.

지난 시간 동안 많은 연구를 했다. 하지만 그중 반대 표본 연구법은 지금의 코칭 노하우를 얻는 꽤 유익한 방법이었다. 이는 어떠한 부분에 단점을 지닌 아이들을 코칭하는 방법을 만들기 위해 그 부분에 장점을 가진 아이들의 공통점을 찾는 방법이다.

나는 승부욕이 없는 아이들에게 강한 승부욕을 심어 주기 위해 반대의 성향을 지닌 아이들을 연구하기 시작했다. 그 결과 강한 승부욕을 지닌 아이들에게서 다음과 같은 네 가지의 공통적인 습관을 발견할 수 있었다.

첫째, 모든 것에 자신이 있다. 한 가지 부분에서 출발한 '나는 잘할 수 있다'라는 생각은 연쇄적으로 다른 부분에 영향을 미친다. 때문에 잘 안 되는 것일수록 많은 연습을 하며 결국엔 잘하고야 만다.

둘째, 배움에 대한 욕구가 많다. 한 가지 배움에 만족하지 않는다. 배우고 익히는 단계를 즐기며 늘 또 다른 배움을 추구한다. 자신이 터득한 기술을 응용하는 능력도 지니고 있다.

셋째, 칭찬받고 싶어 한다. 경기에서 승리하면 늘 보상이 따른다. 프로 선수에게는 승리 수당이 따르지만 아이들에게는 어떤 것이 보상일까? 바로 칭찬과 축하다. 그런 보상을 통해 누리는 기쁨은 또 다른 승리를 맛보고 싶은 심리로 이어진다.

넷째, 질문이 많다. 운동을 하면서 궁금한 점이 생긴다. 스스로의 능력을 개발하고자 하는 욕구가 강하기 때문이다. 특히 어떠한 동작이 잘 안 될 때 코치의 시범을 보고 싶어 하고, 원리를 이해하고 싶어 한다. 자신이 운동을 대하는 능동적인 태도를 적극적으로 표현한다. 당신의 자녀가 만약 매사에 소극적이거나 자신이 잘하는 것만 하려 한다면 강한 승부욕을 길러 주기 위해 내가 이용한 다음 방법들을 사용해 보라.

일곱 살 승호는 친구들에 비해 키가 작은 편이었다. 힘도 약했다. 축구 경기를 할 때마다 어슬렁거리며 경기에 잘 참여하지 않았다. 승호는 자신이 공을 잡았을 때 아이들이 지적하고 놀리는 것이 두려웠다. 주변의 반응에 지나치게 예민했다. 이는 아이가 긍정적인 피드백, 즉 칭찬을 많이 받고 자라지 못했다는 뜻이다. 칭찬을 안 하는 부모는 없다. 하지만 구체적이고 일관성 있는 칭찬이 아니라면 아이는 긍정적으로 받아들이지 못한다.

승호는 공을 손으로 잡는 것을 좋아했다. 발로 하는 것에 자신이 없어서였지만 나는 승호에게 골키퍼의 소질이 있다고 말해 주었다. 그리고 매번 수업하기 전에 공을 위로 던져서 혹은 벽에 튕겨서 잡게 하는 별도의 훈련을 시켰다. 경기 중에는 골키퍼를 하게 했다. 승호는 시간이 흐를수록 골키퍼 포지션에 애착이 생겼다. 자유시간에는 시키지 않아도 공을 굴리고 잡는 연습을 하고 있었다.

그러던 어느 날 승호가 "코치님, 공이 옆으로 오면 골키퍼는 이렇게 넘어지면서 잡아도 되죠?"라고 하면서 다이빙 캐칭 동작을 하는 게 아닌가? 이는 강한 승부욕을 지닌 아이들에게서 발견되는, 배움에 대한 욕구와 질문의 특징이다. 승호가 적극적으로 변하고 있음을 느낀 나는 다음 단계를 적용했다. 골키퍼는 공을 멀리 차서 우리 팀에게 줄 수 있어야 함을 알려 줬다. 손으로 잡는 것뿐만이 아닌 발로도 해 보게끔 유도하기 위함이었다.

나는 펜들 볼(골대나 부착물에 걸어 놓는 공)을 구입했다. 승호는 매번 샌드백을 치듯 공을 차는 훈련을 했다. 물론 이 훈련은 다른 아이들도 함께 했다. 승호에게는 날이 갈수록 적극성이 생겼다. 공이 굴러오면 손이 아닌 발로 차는 모습도 볼 수 있게 되었다.

여섯 살 도윤이는 다섯 살 동생들과의 경쟁 상황에서도 "난 못 할 것 같아요."라는 말을 습관적으로 했다. 도윤이는 영어시간이 제일 좋다고 말하는 아이였다. 귀가 차량 지도를 할 때면 곤충, 동물 등을 영어로 말하며 즐거워했다. 그런데 축구시간만 되면 못 할 것 같다는 말을 자주 반복하는 것이 아쉬웠다. 하루는 드리블 훈련을 하고 있었다. 다른 친구들은 장애물을 열심히 피하곤 했다. 반면 도윤이는 못 하겠다며 쉬고 싶다고 했다.

나는 영어로 말하는 놀이를 축구에 적용했다. 다행히도 축구의 기술은 영어로 되어 있기 때문에 도윤이를 움직이게 하는 것은 어렵지 않았다. 다른 것이 있다면 곤충이나 동물은 도윤이가 머리로 아는 것이지만 축구 기술은 몸으로 해 봐야 안다는 것이었다. 나는 '드리블(dribble)'을 설명해 보라면서 도윤이가 공을 갖고 드리블을 표현하게 했다. 또한 패스(pass)를 숏 킥(short kick)으로 말하며 짧고 정확하게 차라고 설명했다. 도윤이는 생각하는 것을 좋아했다. 짧게 차는 것이 어떤 것인지 혼자 생각해 보더니 내 동작을 비슷하게 흉내 내는 것이었다. 나는 이때다 싶어 방금 공을 찬 발의 부분이 인사이드(inside)라고 알려 주었다. 그리고 인사이드로 정확하게 우리 팀에게 숏 킥을 하는 것이 패스라고 말했다. 며칠 후 도윤이가 오버헤드킥은 뭐냐고 물어봤다. 나는 승호와 마찬가지로 질문하는 모습을 통해 도윤이가 적극적으로 변했음을 느꼈다.

두 아이는 기간의 차이는 있었지만 강한 승부욕이 생겨 아이들의 엄마들이 매우 흡족해했다. 승부욕이 강한 아이는 성과를 얻기까지의 시간이 짧다. 궁금한 것을 바로 해결해서 배움을 얻고 자기 것으로 만들어 보상받는 루틴이 몸에 배어 있기 때문이다. 아이에게 이러한 습관을 토대로 강한 승부욕을 키워 주고 싶다면 010.4115.7195로 연락하면 된다. 아이가 더욱 즐겁게 운동하며 매사에 최선을 다하게 되도록 성심성의껏 이끌어 줄 수 있다.

# 03 평생 취미가 생긴다

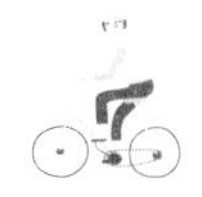

최고의 가르침은 아이에게 웃는 법을 가르치는 것이다.
– 니체

얼마 전, 솔뫼 축구센터의 대표팀 감독이 내게 이런 말을 했다.

"나도 지금 이 시대에 태어난 애들처럼 운동을 배웠으면 참 좋았을 텐데…."

요즘 아이들은 공기 오염과 공간 부족 현상으로 인해 밖에서 신나게 운동할 자유를 잃었다. 반면 이러한 시대적 이유로 인해 지역별로 많은 스포츠클럽이 생겨났다.

또한 과거에는 운동을 지도하며 구타와 욕설이 난무했다. 그런 것과 달리 요즘은 아이의 눈높이에 맞춰 훈련을 진행하는 운동 지도자들이 늘어나는 추세다. 이런 지도자들은 예전처럼 스파르타식으로 반복해서 운동을 익히게 하는 지도 방식을 지양한다.

특히 골프의 경우는 스내그(SNAG, Starting New At Golf)라는 골

프 입문 프로그램이 하나의 종목으로 인정받고 있다. 이로써 아이들이 좀 더 쉽고 즐겁게 골프를 배울 수 있게 되었다. 어찌 보면 아이가 운동을 접하는 데는 더 좋은 환경이라는 말도 맞는 셈이다.

나는 이 일을 하면서 내 아이가 어떤 운동을 하면 좋을지 많은 학부모들이 고민하는 것을 보았다. 그런 고민은 분명히 필요하다. 아이가 운동을 평생 취미로 삼아 스스로 건강한 몸과 마음을 유지하도록 도와주는 과정이기 때문이다.

일곱 살 민호의 엄마가 체험 수업을 요청했다. 대부분의 남자아이들은 축구장만 보면 뛰고 싶다는 마음을 감추지 못한다. 하지만 민호는 그렇지 않았다. 녹색의 잔디가 아이에겐 꽤 낯설어 보였다. 하기 싫다고 반복해서 얘기하는데도 엄마는 "축구를 잘해야 나중에 인기가 많아."라고 말했다. 그 말이 민호에게 내적 동기부여가 되었다면 다행이었겠지만 그렇지 않음을 느낄 수 있었다. 민호 엄마에게 물어보니 민호는 어릴 때부터 공놀이를 정말 싫어했다고 한다. 그런데 남자라면 잘해야 되니 억지로라도 시키고 싶다고 했다.

물론 운동을 잘하면 인기도 많고 남자아이들 사이에서 인정받는 것은 사실이다. 그렇다고 억지로 구기 종목을 접하게 하면 아이가 평생 공놀이를 싫어하게 될 수도 있다. 나는 민호 엄마에게 그 사실이 더 중요하다고 알려 주었다.

두 엄마가 찾아와 한 아이를 놓고 자신이 엄마라고 주장할 때 아이를 반으로 자르자고 제안한 솔로몬 왕의 일화를 아는가? 진짜 엄마는 그 얘기를 듣고 반대했고 가짜 엄마는 찬성했다. 나는 이러한 상황에서 진짜 아이를 위한 말을 해 주는 지도자가 되고 싶었다.

그래서 아직은 아이가 축구를 할 수 있는 시기가 아닌 것 같다고 얘기했다. 그러자 민호 엄마는 민호가 인라인스케이트 타는 것을 좋아한다고 했다. 매번 혼자 운동하니 사회성이 조금 떨어지는 것 같아 속상하다면서 말이다. 그 말을 듣고 난 후 나는 민호 엄마에게 민호에게 축구보다는 인라인 하키 혹은 아이스하키를 시켜 보는 게 어떻겠냐고 권했다.

아이가 한 가지 운동 종목을 평생 취미로 갖기 위해서는 다음 다섯 단계를 거쳐야 한다.

첫째, 호기심이 필요하다. 앉아만 있는 걸 좋아하는 아이라면 자전거, 물놀이 등 쉽게 움직일 수 있는 것부터 시작해야 한다. 몸을 쓰는 데 재미를 느껴야 각종 운동에 호기심을 갖게 되게 마련이다.

둘째, 흥미를 가져야 한다. 호기심이 생긴 운동 종목을 즐겁게 배우기 시작하면 재미있다는 말을 자주 하게 된다. 이때 지도자의 역할은 아이가 흥미를 잃지 않게 훈련을 진행하는 것이다. 또한 부모의 역할은 아이와 함께 운동에 대해 이야기하는 것이다. 오늘은 무엇을 배웠는지, 어떤 동작이 어려웠는지 등에 대해서 말이다.

셋째, 잘하고 싶다는 생각이 든다. 모든 운동 종목에는 대회나 시합 등을 통해 자신의 실력을 뽐낼 수 있는 기회가 있다. 아이가 이런 기회에 적극적으로 참여하길 원한다면 잘하고 싶다는 생각이 있는 것이다.

넷째, 계속해서 실력을 개발하고 싶어 한다. 다이어트를 하기 위해 1:1 PT에 등록하는 사람들은 도움을 받아서라도 꼭 이루고자 하는 목표가 있기 때문이다. 아이들도 마찬가지다. 자신의 부족한 점을 보완하고 싶고 이루고자 하는 목표가 있을 때는 운동을 할 때도 그것에 초점을 맞추길 원한다. 개인지도는 운동을 처음 시작하는 단계보다는 지금의 이 단계에 왔을 때 하길 권한다.

다섯째, 보상이 필요하다. 자신이 잘하는 운동이라는 확신이 들게 되는 과정이다. 실력을 인정받을 수 있는 다양한 수단을 이용해서 보상을 해 주어야 한다. 솔뫼 축구센터의 경우, 한 달에 한 번씩 초등학생을 대상으로 월간 리그를 진행하고 매년 3월 시상식을 한다. 트로피와 메달 그리고 상품을 지급한다. 아이들은 팀 및 개인별 기록을 매월 제공하는 간행물을 통해 보게 되며 수상하기 위해 최선을 다한다. 부모의 관심과 일관성 있는 칭찬은 가장 쉽고 정확한 보상이다.

민호는 축구에 대한 호기심 자체가 없었다. 만약 호기심이 있는 단계였다면 축구장을 보자마자 뛰고 싶다, 혹은 공을 차 보고 싶다는 생각이 들었을 텐데 그렇지 않았다. 축구장에 들어가는 것조차 거부했다. 다만 인라인스케이트는 다섯 단계를 모두 거친 것이기 때문에 스케이팅에는 자신이 있을 거라고 생각했다. 스케이팅을 이용하는 하키를 한다면 첫 번째 단계는 만족할 것이라고 생각하고 권했다.

민호 엄마의 고민처럼 팀 운동이 아이의 사회성 발달에 영향을 주는 것은 사실이다. 때문에 학부모 상담을 할 때마다 꼭 2개 이상의 운동을 병행하는 것을 추천했다. 그렇다면 저마다 다른 아이의 성격에 맞는 운동은 무엇일까?

### 움직이는 것을 싫어하고 TV, 게임 등만 좋아하는 아이

몸을 쓰는 것이 습관이 되어 있지 않기 때문에 단순하게 할 수 있는 운동부터 시작해야 한다. 자전거 타기, 수영 등을 추천한다.

### 높은 데서 뛰어내리는 등의 위험해 보이는 행동을 즐기는 아이

차에서 뛰어내리거나 계단 맨 위에서 점프하는 등 위험한 행동을 좋아하는 아이들은 모험심이 강하다. 운동을 통해 모험심을 충족시켜 주어야 스트레스를 덜 받게 된다. 인라인스케이트, 스케이트보드, 스키 등을 추천한다.

### 집중력이 좋은 아이

장점을 살려 줄 수 있는 운동을 선택하는 것은 자신감 향상에 도움이 된다. 집중력이 높은 아이는 모든 동작에 신중함을 요구하는 종목에도 큰 거부감이 없다. 골프, 테니스, 탁구, 배드민턴, 스쿼시, 볼링, 펜싱 등을 추천한다.

### 말을 밉게 하거나 친구들과의 다툼이 잦은 아이

스트레스가 많거나 화를 다스리는 방법을 모르는 아이는 친구들과의 다툼이 잦다. 여러 가지 활동을 통해 다양한 운동 능력을 개발하며 자연스럽게 옳고 그름에 대한 판단력을 갖출 수 있는 무도 및 호신술 운동(태권도, 합기도, 유도, 검도, 주짓수 등…)을 추천한다.

### 뛰는 것을 좋아하고 활동적인 아이

이런 아이는 정적인 운동보다는 동적인 운동을 좋아한다. 사회성 발달에 도움이 되는 팀 운동을 통해 운동 이상의 가치를 배울 수 있다면 더욱 효과적일 것이다. 축구, 농구, 야구, 아이스하키 등의 팀 운동을 추천한다. 축구, 야구, 농구, 하키 등의 팀 스포츠에 제격이다.

아이가 접할 수 있는 운동에는 이렇듯 여러 가지가 있다. 그리고 아이의 첫 운동은 매우 중요하다. 아이의 성격에 맞는 운동을 선택하게 되면 운동을 대하는 자세가 능동적으로 변하고 각 운동별 장점을 제대로 흡수하게 된다. 나아가 아이에게는 더욱 가치 있는 삶을 살게 하는 취미 활동이 된다. 당신의 아이에게 이러한 이유로 운동을 시켜 주고 싶은가? 그렇다면 다른 사람들의 얘기보다는 부모로서 뚜렷한 기준을 세워 신중하게 선택하길 바란다.

# 04 사회성이 좋아진다

남 앞에서 부끄러워하는 사람과 자기 앞에서
부끄러워하는 사람 사이에는 큰 차이가 있다.
– 《탈무드》 중에서

스페인에 축구 지도자 연수를 갔을 때 묵었던 한인 민박집에는 한국 나이로 중학교 2학년인 명규가 홀로 타지 생활을 하고 있었다. 멋진 축구선수의 꿈을 이루기 위해 아직은 부모의 보살핌이 필요한 나이에 먼 나라 스페인에서 외로움을 이겨 내는 명규가 놀랍고도 기특했다. 명규는 꼬르네야(Cornella)라는 팀에 소속되어 있었다. 나는 명규를 응원하고 훈련을 참관하기 위해 바르셀로나에 있는 꼬르네야 홈구장을 방문했다.

그리고 그곳에서 놀라운 사실을 알게 되었다. 전 세계의 수많은 아이들이 명규처럼 타국에서 자신의 꿈인 축구선수가 되기 위해 땀을 흘리고 있다는 것이었다. 명규의 미래를 응원하고 한국으로 돌아오는 길에 문득 이런 생각이 들었다. 목적이 있는 삶을 살고 낯선 환경에 적응할 줄 아는 아이라면 자신의 꿈 앞에서 나이는 크게 중요하지 않다! 만약 내가 명규의 입장이었다면 어땠을까?

고등학교 2학년 때, 자극이 없어서 공부를 열심히 하지 않는다고 판단한 부모님은 나를 기숙학원에 등록해 주었다. 당시 나는 집에 있으면 부모님과 하루가 멀다 하고 다퉜다. 그렇게 감정을 낭비할 바에야 차라리 공기 좋은 데서 살이나 빼고 오자는 생각으로 기분 좋게 입소했다.

입소식 당일, 어떤 아이들은 부모와의 한 달간의 이별을 슬프게 생각하는 듯했지만 나는 오히려 담담했다. 입소 첫날부터 퇴소하는 날까지 계획했던 대로 다이어트에 성공했다. 총 17킬로그램을 감량했다. 공부하라고 보냈더니 운동만 했던 나를 보고 당황하신 부모님께 당당히 말했다. "뚱뚱하니까 게을러지는 것 같아 살부터 뺐어요. 이제 아침 일찍 일어나서 공부하는 모습을 지켜보세요."라고 말이다.

군대에 입대하기 전에도 마찬가지였다. 부천 송내역 앞에서 이별하면서 남들 다 다녀오는 거라고 거꾸로 부모님을 안심시켰다. 어릴 때부터 나는 부모님 눈에는 부족한 점이 많았어도 밖에 나가면 인정받는 아이였다. 돌이켜 보면 성장하면서 매번 새로운 환경에서 만나는 사람들과의 관계를 두려워하지 않았다. 그들에게 인정받고 좋은 관계를 만들어 가는 것을 흥미로워했다.

아이에게는 누구나 모험심이 있다. 하지만 그것을 밖으로 꺼내는 것이 두려운가, 즐거운가에 따라 낯선 환경에 적응하는 능력이 좌우된다. 아이의 사회화 과정에 가장 큰 영향을 미치는 것은 부모가 아니라 또래집단이기 때문이다.

나는 아이들을 지도하며 '놀이기구 효과'라는 용어를 만들어 냈다. 부모와 함께라면 무서웠던 놀이기구를 친구들과 함께 놀이동산에 가면 타게 되는 경우가 있다. 친구들은 다 타는데 나만 못 타면 창피하기 때문에 타게 되는 순간의 심리를 말한다.

부모 앞에선 한없이 어린아이처럼 구는데 밖에 나가면 인정받는 아이들을 둔 부모라면 놀이기구 효과를 적용해서 아이를 바라볼 필요가 있다. 그러면 아이의 사회화 과정을 이해하게 될 것이다. 이런 경우에는 또래집단 앞에서는 쉽게 꺼내는 아이의 모험심을 부모 앞에서도 꺼낼 수 있도록 장려하는 것이 필요하다. 여기서 주의해야 할 것은 강압이 있어서는 안 된다는 것이다. 아이가 스스로 하려 하는 것을 막지 말고, 도전에 대해 '넌 할 수 있을 거야'라는 메시지를 담은 긍정의 말을 하라는 뜻이다.

나는 상담을 할 때면 줄곧 부모들이 정해 준 테두리 내에서 인간관계를 맺게 하지 말고 아이 스스로 관계를 맺는 능력을 길러 주는 것이 중요하다고 강조해 왔다. 축구와 같은 팀 운동은 포지션이 존재하기 때문에 이런 능력을 길러 줄 수 있는 최고의 기회다. 앞서 언급한 '반 축구'라는 문화의 단점은 부모끼리의 논쟁이 있으면 아이가 그 영향을 받는다는 점에서 출발했다.

솔뫼 축구센터 대표팀은 2016년 11월, 지금보다 축구를 더 잘하고 싶다는 아이들과 그 부모를 초대해 간담회를 개최한 후 일사천리로 창단되었다. 감독은 창단 첫 수업이 서먹할 수도 있던 아이들에게 이런 말을 했다.

"너희는 한 팀이고, 축구를 할 때는 최고의 친구가 되어야 해."

서로의 이름도 잘 알지 못했던 아이들이 감독의 말을 이해하는 데까지는 몇 주 걸리지 않았다.

아이들은 공과 몸으로 대화하기 시작했다. 예상보다 빠르게 한 팀으로서의 모습을 갖춘 아이들은 대회에 출전하게 되었다. 부모들은 아이들을 응원하면서 아이들 못지않은 팀워크를 보여 주었다. 아이들이 스스로 개척한 관계는 부모들에게도 영향을 미쳐 가족들의 끈끈한 단합으로 이어졌다.

1년 뒤 대표팀 주장이었던 5학년 경석이가 이사로 인해 팀을 떠나게 되었다. 1년이라는 시간이 아이들에게 선물한 관계의 소중함은 경석이의 눈물로 증명되었다. 나 역시 야구를 통해 이런 경험을 했었다. 야구팀이 해체되는 날 주장을 시작으로 서로에게 응원의 한마디를 하며 팀 전체가 눈물바다가 되었다. 다시는 야구를 할 수 없을 거라는 생각 때문이 아니었다. 함께 땀 흘리며 일궈낸 소중한 기억 그리고 관계에 대한 아쉬움이었다.

2018년 3월, 인천에 있는 팀을 인수하게 되었다. 이번엔 일면식도 없던 아이들이 한 팀이 되는 과정이었다. 그랬기 때문에 혹시나 어느 한쪽의 아이들이 텃세를 부리지 않을까 걱정도 되었다. 하지만 그런 걱정도 잠시, 팀 훈련 하루 만에 서로 친구가 되는 모습을 보며 다시금 나의 철학을 굳히게 되었다. 부모들이 정해 준 테두리 내에서 인간관계를 맺게 하는 것은 운동의 장점을 잃어버리게 하는 것이라는 내 주장이 옳았다.

운동은 아이들에게 다양성을 인정하면서 자랄 수 있는 환경을 제공한다. 그리고 팀 운동은 다른 팀원의 장점을 인정하게 한다. 또한 나의 단점을 우리 팀을 통해 보완할 수 있다는 것을 깨닫게 한다. 아이들은 이를 통해 상호작용, 즉 관계의 중요성을 알게 된다. 나아가 다양성을 인정하는 아이들은 성장하면서 수많은 관계를 형성하고 건강하게 유지할 수 있다.

얼마 전 놀이방 시설이 갖추어져 있는 식당에 갔다. 아직은 내 아이가 어리다고 판단해서 노는 것을 지켜보았다. 그러다 나는 처음 본 친구 혹은 형, 동생과 대화하면서 즐겁게 노는 아이의 모습을 볼 수 있었다. 나는 아이의 또래집단과의 사회화 과정에 끼어들고 싶지 않았다. 서로 장난감 얘기도 하고 놀이에 참여하는 아이의 모습을 보며 아내에게도 말했다. 부모와 노는 것도 중요하지만 친구 혹은 형, 동생들과 교감할 수 있는 기회를 많이 부여하라고 말이다. 그리고 운동은 그런 기회를 자연스럽게 체험할 수 있는 대표적인 수단이다.

아이는 부모가 생각하는 것 이상으로 성숙하다. 당신의 자녀가 집에 있는 것보다 밖에 나가는 것을 좋아하는가? 그렇다면 걱정하지 말고 아이의 사회화 과정을 이해하려고 노력해 보자. 낯선 바깥 환경에의 적응을 즐기는 이유는 모험심을 꺼내는 것을 두려워하지 않고 다양성을 이해하는 것에 익숙하기 때문이다. 자신의 미래를 스스로 개척하는 아이로 키우고 싶지 않은가?

05

# 체육 시간을 좋아하게 된다

꿈꿀 수 있다면 실현도 가능하다.
– 월트 디즈니

'건강하다'라는 단어의 사전적 의미를 검색하면 "건전하고 의지가 굳세다."라는 뜻으로 표기되어 있다. 이는 밝고 적극적인 이미지를 연상시킨다. 운동을 좋아하는 아이들은 대부분 그런 이미지를 지니고 있다. 특히 학창시절에도 체육 시간을 좋아하는 아이들은 교우관계에 큰 문제가 없고 일탈행동을 하는 경우가 상대적으로 적었다. 이들이 가진 긍정적인 에너지는 사람들을 끌어당기는 힘이 있기 때문이다.

내가 고등학교 때까지만 해도 운동이 공부에 방해가 된다는 이유로 체육활동을 부정적으로 보는 시선이 간혹 있었다. 다행히도 이는 거짓임이 많은 학자들에 의해 밝혀졌다. 뿐만 아니라 지금 이 시대는 운동과 학교 체육을 적극적으로 장려한다. 학교에서 자체적으로 방과 후 스포츠클럽을 운영하기도 한다. 인기가 많은 종목의 경우 신청과 동시에 마감되기도 한다. 이렇듯 체육 시간이 중요하게 여겨지는 데는 크게 네 가지 이유가 있다.

첫째, 또래집단과의 유대관계를 형성하는 데 도움이 된다. 학교에는 체육대회가 있고 각 반이 한 팀이 되어 출전하는 농구, 축구, 발야구, 계주, 줄다리기 등의 종목이 존재한다. 승리하고 싶다는 인간의 본능은 팀을 단합시키는 힘으로 발전한다. 함께 노력하고 승리를 성취하는 과정에서 자연스럽게 서로 영향을 주고받게 된다.

비단 체육대회뿐만이 아니다. 체육 시간을 좋아하는 아이는 친구들과 하는 신체활동을 취미로 가지게 될 확률이 높다. 다양한 운동 종목을 경험하게 되는 체육 시간을 통해 아이는 스스로 성격에 맞는 취미를 선택하게 된다.

쉬는 시간 혹은 점심시간 풍경을 관찰하면 자신의 반에 상관없이 농구, 축구, 족구, 탁구 등의 활동을 하는 아이들을 볼 수 있다. 공통적으로 좋아하는 활동을 찾아 단합하게 되는 대표적인 케이스다. 이들은 학교생활 이외에 주말에도 서로 취미생활을 공유하며 관계를 돈독하게 유지하게 된다.

둘째, 스트레스를 다스리는 에너지를 만들어 낸다. 아이들은 2차

성징을 거치며 자신이 성장하고 있음을 여러 가지 모습을 통해 알게 된다. 초등학교 고학년부터는 성에 대한 호기심이 많아지고 학업 부담으로 인한 스트레스가 늘어나게 된다. 이때 부정적인 에너지를 건강하게 해소하지 못하는 경우 일탈과 충동적인 사고를 저지르게 된다. 체육 시간은 그런 에너지를 건강하게 해소시켜 줄 수 있는 유일한 시간이다.

나는 고등학교 때 예체능 과목으로 체육을 선택했고 유일한 남자 이과반이었다. 이 시기의 남자아이들은 힘겨루기를 많이 한다. 팔씨름, 말뚝박기 등이 그 예다. 때문에 선생님들은 우리 반에서 싸움이 많이 일어날 것이라고 예상했으나 결코 그렇지 않았다. 오히려 힘이 강해지고 있음을 평행봉과 철봉(체조), 슈팅의 강도(축구), 스매싱 속도(배드민턴) 등을 통해 서로 경쟁적으로 표현했다. 체육 시간이 있는 날에는 모든 에너지를 다 쏟아부은 터라 힘겨루기보다는 식사시간을 기다리게 되었다.

셋째, 목표를 달성하기 위한 과정의 변수를 자연스럽게 받아들이게 된다. 체육은 다른 과목과 달리 실기 평가가 중요하다. 과제를 자신의 몸으로 표현함으로써 점수를 얻어야 한다. 개인 운동의 경우, 객관적인 지표로 나타나기 때문에 개인의 당일 컨디션을 제외하고는 큰 변수가 없다.

하지만 팀 운동의 경우는 그렇지 않다. 고등학교 1학년 때 중

간고사 실기 평가 항목에는 풋살이 들어 있었다. 5~6명씩 6개의 팀으로 나누어 우승 팀에게는 만점을 주고 나머지 다섯 팀은 승점에 따라 1점씩 차감하는 시스템이었다. 나는 우리 팀의 주장이었고 가위바위보로 5명을 선택해서 총 6명이 한 팀이 되었다.

내신에 반영되는 실기점수였기 때문에 너 나 할 것 없이 모든 팀이 승부욕을 불태웠다. 우리 팀은 첫 경기에서 승리했다. 그런데 다음 경기가 있기 전날 우리 팀원이 고등학교를 자퇴하게 되었다. 축구를 잘했던 친구였기 때문에 팀 경기력은 저하될 수밖에 없었다. 공격을 잘하던 그 친구가 없으니 전원 수비에 이은 역습이라는 수비 위주의 전략으로 남은 경기를 치렀다. 결국 4위로 마무리했다. 마지막 경기가 끝나고 서로 수고했다며 토닥였다. 그러면서 어쩔 수 없는 변수가 발생했음에도 최선을 다한 서로에게 고마워하는 마음을 느낄 수 있었다.

나는 사회생활을 하면서 최선을 다해도 모든 일이 내 뜻대로 되지 않는다는 것을 경험했다. 그럴 때마다 조금 더 신중하게 자신을 돌아보면서 어떻게든 해결해 왔다. 예상치 못한 변수는 언제든지 나타날 수 있다. 그로 인해 좌절하지 않고 해결책을 찾으려 하는 습관은 어찌 보면 학창시절 체육 시간을 통해 훈련된 것일지도 모른다.

넷째, 체육 교사의 존재감은 타 과목과 다르다. 내게는 학창시절 롤 모델이 있었다. 힘줄이 툭 튀어나온 팔뚝과 카리스마를 지닌 체육 선생님. 그의 존재는 내게 비상구와 같았다. 나는 고등학교 때 밴드부 활동을 했었다. 집에서도 매일 악기 앞에 앉아 있는 내 모습을 부모님은 매우 못마땅해했다. 공부를 하기 위해 음악과 운동을 한다고 외쳤던 내 말은 언제나 놀기 위한 핑계로 간주되었다.

밴드부를 담당했던 체육 선생님은 가끔 내가 홀로 합주실에서 피아노를 칠 때마다 들어와서 얘기를 들어 주었다. 여자 선생님에게는 할 수 없는 이성 얘기부터 가족, 진로에 대한 문제까지. 남자 대 남자로서 나의 이야기를 들어 주었던 선생님은 어느덧 내 멘토가 되어 있었다. 졸업할 때까지 힘들 때면 체육실로 찾아가 고민을 토로했다. 잘못된 행동을 했을 땐 누구보다 엄해서 무서울 때도 있었다. 하지만 마음을 털어놓을 수 있는 선생님의 존재는 매우 컸다.

한 친구가 고등학교를 졸업하면 군대에 다녀온 후 공장에서 기술이나 배워야겠다고 했다. 공부는 물론 내세울 만한 특기가 없다는 게 이유였다. 하지만 그 친구는 달리기가 빨랐다. 고등학교 3학년 중반부터 아침 등굣길에 체육 선생님과 몇 친구들이 운동장에서 체력 훈련을 하고 있는 모습을 보게 되었다. 그 무리에는 방금 언급한 친구도 포함되어 있었다. 나중에 알게 되었지만 벌써 인생을 포기할 바에는 장점을 살려서 체육학과에라도 진학시키고자 하는 선생님의 큰 뜻 때문이었다. 실제로 아침 7시부터 학교에 모여 체력 훈련을 하던 그 친구들의 절반 이상이 체육대학에 진학했다.

어린이 운동 지도자는 유독 피그말리온 효과를 많이 경험하게 된다. "코치님처럼 되고 싶어요."라는 말은 일하면서 가장 많이 들었던 말이자 나에게 올바른 삶을 살게 하는 힘이다. 함께 일하는 직원들도 누군가의 롤 모델이자 멘토가 될 수 있다는 것에 만족하며 보람찬 하루를 살아가고 있다. 앞으로도 고등학교 때의 체육 선생님과 같은 지도자가 되고 싶다.

학교의 체육 시간은 신체활동, 그 이상의 가치가 있는 시간이다. 체육 시간이면 움츠리는 아이는 어릴 때부터 '나는 운동을 못해'라는 마음을 가지고 도전하는 습관을 들이지 않았기 때문이다. 아이들이 살아갈 미래 사회에서 자기 PR은 선택이 아니라 필수다. 자신을 감추고 표현을 잘하지 못하면 결코 성공할 수 없다. 아이의 성격에 맞는 운동을 찾아 주고 부모가 함께 관심을 가지며 취미생활로 이끌어 주자. 체육 시간을 좋아하는 건강한 아이로 자라날 것이다.

# 06 자존감이 높아진다

다른 누군가가 되어서 사랑받기보다는
있는 그대로의 나로서 미움받는 것이 낫다.
– 커트 코베인

운동 경기를 시청하면서 이런 장면들을 보았을 것이다.

- 홈런을 친 타자가 관중을 향해 손을 번쩍 들고 천천히 베이스를 돈다.
- 축구선수가 골을 넣고 관중들에게 달려가 열정적인 세리머니를 펼친다.
- 쇼트트랙 메달리스트가 태극기를 몸에 감고 트랙을 한 바퀴 돌며 관중들에게 인사한다.
- 눈이 부은 권투선수가 챔피언 벨트를 착용하고 기쁨의 눈물을 흘리며 관중들에게 답례한다.
- 랠리 중에는 적막이 흐르는 테니스 경기이지만 득점에 성

공하면 커다란 박수갈채가 터져 나온다.

득점, 승리, 메달 획득 등 운동선수가 무언가를 성취했을 때 기쁨을 표현하고 진심으로 축하해 주는 상황들이다. 모든 운동에는 이렇게 심리적인 보상이 존재한다. 프로 스포츠를 보며 자라나는 아이들은 그런 상황 속 선수들의 감정에 공감할 수 있다. 자신도 저런 상황을 맞이했으면 좋겠다는 생각을 하게 된다. 내가 그랬다.

야구 이외의 프로 스포츠에는 크게 관심이 없던 나는 초등학교 6학년이 되던 해인 1998년 프랑스 월드컵을 시청하게 되었다. 당시 덴마크의 라우드롭이라는 선수의 세리머니는 나를 흥분시켰다. 골도 멋졌지만 '수많은 관중들 앞에서 골을 넣고 저렇게 멋진 세리머니를 하면 얼마나 기분이 좋을까'라는 생각이 들었다. 그날 이후 학교를 마치면 친구들과 축구를 했다. 골을 넣으면 세리머니를 하면서 기쁨을 적극적으로 표현하는 습관을 가지게 되었다. 내가 세리머니를 하니 친구들도 달려와서 같이 기뻐해 줬다.

아이는 누구나 칭찬받고 싶어 한다. 무언가를 성취한 후 받게 되는, 진심이 담긴 축하와 칭찬은 중독성이 강하다. 아이로 하여금 계속 성취하고 싶은 욕구를 갖게 한다. 이런 원리를 이용해서 경기 중에 골을 넣으면 곧 세리머니를 하게 했다. 세리머니를 하는 순간만큼은 코치가 아닌 팬이 되어 축하해 주었다. 하이파이

브, 엄지손가락 치켜세워 주기, 헹가래, 로켓 태워 주기 등의 비언어적 방법과 직접 언어를 사용해서 축하하는 두 가지 방법을 이용해서 말이다. 그러다 보니 골을 넣은 친구를 축하하는 아이들의 모습을 볼 수 있었다. 자연스레 아이들 모두 그런 기쁨을 누리고자 하는 심리가 생긴 듯했다.

기쁨을 적극적으로 표현하고 축하할 줄 아는 아이는 긍정적인 성향을 지니게 된다. 그러니 결과를 있는 그대로 받아들이되 성취한 것에 대한 만족감을 극대화시켜 주어야 한다. 그렇게 자란 아이는 도전을 즐기고 감사와 칭찬을 표현하는 데도 인색하지 않다.

일곱 살 민규는 조금 통통한 체격으로 운동에 자신이 없어하던 아이였다. 유치원에서는 우등생이었다. 그런데 축구시간만 되면 패배하는 경험을 많이 하다 보니 하루 한 번꼴로 울었던 것 같다. 즐겁게 축구를 해야 하는데 혹시라도 패배만 경험하는 민규의 자존감이 떨어질까 봐 걱정되었다.

그래서 어떻게 해서든 민규가 칭찬받을 점이 무엇인지 찾아내기로 결심했다. 그러곤 하루에 한 번씩 꼭 칭찬을 해 주었다. 이 과정 속에서 나는 느꼈다. 긍정적인 색안경은 장점을 찾기 위한 최고의 방법이라는 것을 말이다. '이 아이는 칭찬받아야 한다'라는 생각으로 아이를 바라보니 장점이 뚜렷하게 보이기 시작했다.

민규는 규칙을 잘 지키는 아이였고, 수업에 임하는 태도가 매우 능동적이었다. 건강한 승부욕을 지니고 있었다. 나중에 알게 된 사실은 민규의 아빠가 태권도 선수였다는 것이다. 그래서 민규에게 승부에 대한 올바른 가치관을 심어 줄 수 있었다. 때문에 패배할 때마다 화를 내지 않고 사실을 있는 그대로 받아들이면서 어린 마음에 혼자서 눈물을 훔쳤던 것이다.

하루는 민규를 친구들 앞에 서게 했다. 나는 팀의 아이들이 보는 앞에서 민규는 모든 훈련에 솔선수범하며 친구의 승리를 축하하고 자신의 패배를 인정할 줄 아는 아이라는 명목으로 주장이라는 역할을 부여했다.

주장에게 부여한 특권은 단순했다. 수업이 끝날 때 외치는 구호를 선창하고, 미니 게임을 시작하기 전 양 팀 선수들에게 응원의 말을 하는 것이다. 민규는 주장이 된 후, 더욱 성숙한 모습을 보여 주었다. "나는 골을 잘 못 넣어서 골키퍼를 볼 테니 너희가 꼭 골을 넣고 와."라고 말하던 민규의 모습이 아직도 기억난다.

민규는 자신이 주장이라는 것을 매우 자랑스럽게 여겼다. 하루는 민규 엄마에게서 전화가 왔다. 갑자기 내 생일을 묻는 것이었다. 민규가 우리 코치님 생일은 주장이 제일 먼저 챙겨야 한다고 했다는 것이다. 민규의 축구 실력과 리더십은 동시에 향상되었다. 이후 민규가 우는 모습은 거의 볼 수 없었다. 초등학생이 된 민규는 반장이 되었다고 한다.

이 두 가지 사례를 통해 나는 아이들의 가치를 높여 주는 방법을 발견했다. 기쁨을 적극적으로 표현하고 칭찬과 축하에 인색하지 않을 것, 장점을 찾아내어 감투를 씌워 줄 것. 모든 운동에는 종목을 떠나서 이 두 가지 방법이 자연스럽게 적용될 수 있다. 아이의 기질과 성격은 모두 다르지만 공통적으로 지닌 인간의 본성과 운동만이 지니고 있는 냉정한 시스템을 이용하면 되기 때문이다.

물론 여기에는 지도자의 역량과 마음가짐도 중요하다. 그래서 운동을 시킬 때는 아이의 성격에 맞는 운동인지와 시키고자 하는 목적이 무엇인지 생각해 보는 과정이 수반되어야 한다. 단순히 실력 개발이 목적인지, 운동을 통해 얻고자 하는 인성적인 가치가 주목적인지에 대해서 말이다. 지도자로 인해 운동에 대해 부정적인 트라우마가 생기는 경우도 있기 때문이다.

심리학 박사 최창호는 저서《우리아이 인성은 7세에 결정된다》에서 아이의 자존감을 높이기 위해서는 긍정의 암시도 중요하지만 긍정의 말을 해 주어야 한다고 했다. 운동하면서 언제든지 접할 수 있는 칭찬과 축하의 상황, 누군가 자신의 장점을 이야기함으로써 얻게 되는 감투는 자존감을 높여 줄 수 있는 좋은 기회다.

왕따로 힘들어하던 중학교 2학년 때였다. 따돌림을 당했지만 축구를 할 때만큼은 누구도 나를 무시할 수 없었다. 가운데서 경기를 지휘하는 플레이 메이커의 역할을 했기 때문이다. 축구를 할 때면 나를 따돌리던 친구도 내게 패스했다. 팀을 나눌 때면 활동량이 많은 나를 필요로 했다. 체육 선생님은 나와 같은 편이 되고 싶다고 친구들 앞에서 자주 말했다. 축구는 저렇게 하는 거라면서 말이다. 내 자존감을 높여 주기 위해서였다는 것을 아이들을 지도하면서 알게 되었다. 이 글을 통해서라도 그분께 감사의 말을 전하고 싶다.

운동을 잘하는 아이들이 인기가 많은 이유는 무엇일까? 누군가의 눈에 비친 모습이 자신감이 넘치고 적극적으로 보이기 때문이다. 상대방은 그 에너지에 이끌리는 것이다. 자존감은 자신감을 담는 그릇이다. 자신의 존재의 소중함을 운동을 하면서 깨달은 아이들은 자존감이 높아진다. 당연히 자신감도 커질 수밖에 없다.

# 07 불안감이 사라진다

우리 안에는 활기와 강력한 욕정이 자리 잡고 있다.
- 윌리엄 셰익스피어

2013년도는 내게 특별한 해였다. 한국축구과학회에서 개최한 공모전에 '대한민국 유소년 축구 발전을 위한 제안서'라는 제목의 자료를 제출했다. 비록 입상하진 못했으나 자료를 만드는 동안 20권 정도의 아동심리학 전문 서적, 육아 서적을 통독하게 되었다. 그 결과 운동을 가르치는 지도자에게 가장 필요한 역량이 아이의 마음을 이해하는 것임을 깨닫고 현장에서 적용하기 시작했다.

일곱 살 윤서는 유치원에서 운동을 권했다는 이유로 축구를 시작하게 되었다. 윤서의 엄마는 유치원에서 운동을 권한 이유는 언급하지 않고 많이 뛰게만 해 달라고 했다. 하지만 처음 한 달간 윤서는 뛰는 것을 좋아하지 않았다. 아니, 전혀 뛰려고 하지 않았다. 친구의 공을 빼앗아 발로 차고 구석에 혼자 앉아 있기만 했다. 이런 상태에서 규칙을 지키며 즐겁게 훈련에 임하는 모습은 전혀 기대할 수 없었다.

윤서는 엄마한테 전화를 해 달라고 했다가 어느 날은 아빠한테 전화를 해 달라고 했다. 나는 이유가 무엇인지 알고 싶어서 윤서의 엄마와 통화하게 되었다. 엄마, 아빠가 잦은 부부싸움으로 인해 별거 중임을 알 수 있었다.

전업주부였던 윤서 엄마는 일을 해야 했다. 윤서는 밤늦게까지 일하는 엄마보다 이모와 함께 지내는 시간이 더 많았다. 윤서는 자주 엄마가 일하는 게 싫다고 말했다. 후에 알게 된 사실이지만 외동아들로 자란 윤서는 어느 순간부터 엄마, 아빠와의 시간을 갖지 못했다.

나는 아동심리학을 공부하면서 알게 된 이론을 하나하나 윤서에게 대입해 보았다. 그러면서 윤서가 상실감과 박탈감으로 인해 불안증세에 시달리고 있음을 알게 되었다. 윤서는 무의식적으로 남의 것을 빼앗았으며, 훈육 차원에서 똑같이 공을 빼앗으면 소리를 지르고 화를 냈다. 또한 공을 포함한 도구를 세게 차고 싶어 했고, 즐겁게 웃는 것을 창피해했다.

부모에게 이런 점을 말하고 축구 말고 다른 운동을 시켜 보는 건 어떠냐고 해 보고 싶었다. 하지만 축구가 제일 좋다고 한다는 윤서 엄마의 말을 들으니 쉽게 입이 떨어지지 않았다. 윤서의 마음을 달래 주고 싶어도 긍정의 말 한마디나 칭찬 카드로는 전혀 효력이 없었다. 지도자로서 오기가 발동했다. 이번 기회에 아이에 대해 제대로 알아보자는 심정으로 세 가지 가설을 세워 윤서를 대하기 시작했다.

첫째, 윤서의 집에는 현재 남자 어른이 없다. 아빠와의 기억에 목마를 것이다. 아빠와 했던 활동을 해 주면 나를 더욱 가깝게 느낄 것이다.

하루는 차량운행을 하면서 윤서에게 아빠와 하고 싶은 게 무엇인지 물었다. 윤서는 목욕탕을 가고 싶다고 했다. 나는 다음 주에 목욕탕에 가자고 제안했다. 대신 수업시간 규칙을 잘 지켜 달라고 부탁했다. 신기하게도 윤서는 그 약속을 지켰다. 윤서가 그런 활동에 목말라 있음을 느낄 수 있었다. 윤서는 아빠와 자주 목욕탕에 왔었다고 했다. 엄마와 이모는 여자이기 때문에 함께 갈 수 없었던 게 아쉬웠던 것이다.

둘째, 윤서가 축구가 좋다고 말하는 이유를 파악하고 그에 맞는 프로그램을 개발하면 원활하게 수업이 진행될 것이다.

목욕을 하면서 물었다. "윤서는 축구가 왜 좋아?" 윤서는 "공을 세게 차는 게 좋아요."라고 대답했다. 나는 "그럼 앞으로 윤서는 코치님이랑 공 백 번 차고 수업 시작하자."라고 제안했다. 그리고 "대신 윤서가 좋아하는 거 코치님이 들어줬으니까 코치님이 좋아하는 것도 들어줘."라고 말하며 다른 친구들의 공을 빼앗지 않겠다는 약속을 했다.

그 후 수업이 있는 날이면 윤서와 나는 10분 전에 축구장에 와서 공을 차며 에너지를 미리 소비했다. 그리고 윤서는 약속을 지켰다. 경기 중 수비 상황에서도 친구의 공을 빼앗지 않고 있어 그럴 땐 뺏어도 된다고 이야기해 줄 정도였으니 말이다. 하루에도 수십 번을 다투던 윤서가 친구들과의 트러블이 거의 없을 정도로 변한 것이 놀라울 따름이었다.

셋째, 지도자와 친구들이 사랑한다는 표현을 자주 해 주면 줄어든 부모의 사랑이 어느 정도 메워질 것이다.

앞의 두 가지 가설을 실천하면서 보게 된 윤서의 변화 과정은 놀라웠다. 윤서의 변화한 모습을 매번 칭찬 카드를 지급하면서 적극적으로 일러 주었다. 특히 그 반은 수업이 끝나면 어깨동무를 하고 서로를 바라보며 "사랑해."라는 말을 하도록 했다. 다행히도 유아기였기 때문에 크게 거부감이 없었다. 이런 습관을 들였더니 윤서가 즐겁게 웃는 것을 창피해하지 않았다.

윤서를 위해 세운 내 가설은 다행히도 성공적으로 적용되었다. 시간이 지날수록 윤서가 가지고 있던 부정적인 모습들이 보이지 않게 되었다. 몇 개월이 지난 후 윤서의 부모님이 다시 함께 살게 되었다는 소식을 들었다. 멀리 이사를 가게 되어 앞으로 축구를 하지 못한다는 전화를 받았다.

아쉬웠지만 윤서가 누구보다 그리워했던 아빠를 다시 볼 수 있다는 게 무척이나 다행스럽게 느껴졌다. 윤서와의 에피소드는 지금도 지도자들을 교육하는 자료를 만드는 데 가장 먼저 활용된다. 아이의 마음을 여는 방법을 알게 해 줌으로써 지도자로서 한 단계 성장할 수 있는 선물을 준 윤서에게 고마운 마음을 전하고 싶다.

운동은 부정적인 상황에 처해 있을 때 잠시라도 그 상황을 잊고 몰입할 수 있는 수단이 된다. 나는 과도한 스트레스를 받게 되면 약간의 운동 틱이 발생한다. 운동 틱은 내 의지와 상관없이 근육이 움직이는 신경계의 장애다. 하지만 운동을 하는 동안에는 그런 증상이 나타나지 않는다. 이런 현상을 통해 잡념 없이 즐겁게 몰두할 수 있는 무언가 있다는 것은 스트레스로 인한 신경계의 질환도 잠시나마 이길 수 있는 힘이라고 생각했다.

좋아하는 운동이 있는 아이에게는 몰입하는 힘이 있다. 그 시간만큼은 자신이 이루어 낼 운동성과에 온 신경을 집중하게 되기 때문이다. 지금은 아이와 어른 모두 몸이 견딜 수 없을 만큼의 스트레스를 받는 시대다. 스트레스를 받지 않기 위해서는 긍정적인 사고를 하는 것이 중요하다고 한다. 그런데 이는 교육을 통해 만들어질 수 없다. 자신의 경험과 깨달음이 있어야 갖게 되는 능력인 셈이다. 나는 운동이 긍정적인 에너지를 만들어 내어 삶을 끌어당긴다고 믿어 왔다. 아이의 마음속 응어리와 불안감을 사라지게 해 줄 수 있는 수단임을 경험했기 때문이다.

나는 윤서에게 가설을 세워 적용했다. 하지만 가설을 세우기 전 이미 윤서가 공을 세게 차는 것을 좋아한다는 것을 알았다. 처음부터 공을 백 번씩 차고 수업을 시작하게 해 주었다면 어땠을까? 윤서는 공을 세게 찰 때 자신의 불안감이 긍정적인 에너지로 바뀌는 것을 알고 있었을 텐데 말이다.

# 08 몸이 단단해지고 편식하지 않는다

습관은 가느다란 철사를 꼬아 만든 쇠줄과 같다.
– 호러스 맨

비교적 일찍 성장판이 닫힌 나는 학교에서 키가 작은 편에 속했다. 그래서 신체검사를 할 때마다 자존심이 상하는 일이 많았다. 고등학교에 진학한 후에는 대부분의 이성 친구들이 키가 큰 남자를 동경했다. 여름방학 때는 다이어트에도 성공했으나 작은 키로 인해 이성 앞에서 자신이 없어지기 시작했다. 당시 이런 생각을 하곤 했다.

'덩치가 큰 아이처럼 힘이 세 보이고 싶다. 친구에게 무시당하고 싶지 않다. 이성 친구에게 매력적으로 보이고 싶다.'

작은 키로 인해 이 세 가지를 성취할 방법이 없다고 생각했던 나는 사춘기가 끝날 무렵 속상한 마음을 어머니께 토로했다. 어머니는 내게 "작은 고추가 맵다."라는 말을 가슴에 새기고 살라고 하셨다. 그러면서 나폴레옹과 강감찬 장군의 일화를 들려주셨다. 긍정적인 사고를 가졌던 나는 신체적 단점이 다른 장점을 개발하는 계기가 될 수 있음을 깨달았다.

나는 잘하는 운동을 통해 작은 키를 극복해 보리라 다짐했고 모든 것이 바뀌기 시작했다. 지금부터 나열할 내용은 덩치가 작은 아이가 가져야 할 필수적인 마음가짐이자 운동 습관이다. 당신의 자녀가 학창시절의 나처럼 키가 작거나 왜소하다는 이유로 자존감이 낮아질 위기에 처했을 때 도움이 되길 바란다.

### 신체적 장점 만들기를 운동의 목적으로 정하라

눈에 보이는 신체적 장점은 다섯 가지다. 상체 근육이 많고 어깨가 넓다. 하체가 튼튼하며 달리기가 빠르다. 또한 운동 신경이 좋다.

구기 종목에 있어 운동 신경이 좋았던 나는 다른 신체적 장점을 만들기 위해 어떤 운동을 할 수 있을지 고민했다. 운동 전문가가 아닌 학창시절이었기 때문에 원초적으로 접근했다. 나는 하루의 운동 목표량을 정했다. 상체 근육 운동으로 팔굽혀펴기를 300개 하고, 하체 운동으로 쪼그려 뛰기를 200개씩 하기로 했다.

당시 몸짱 열풍이 불었던 터라 하체가 튼튼해야 상체 운동을 쉽게 할 수 있다는 정보를 어렵지 않게 얻을 수 있었다. 기구를 사용하는 운동이 아닌 맨손 운동이었기 때문에 실날같은 성장에 대한 희망에도 방해가 되지 않았다. 운동을 시작한 지 얼마 되지 않아 상·하체 근육이 눈에 띄게 발달하기 시작했다.

미국의 심리학자 윌리엄 허버트 셸던의 체질심리학 이론에 의해 탄생한 배엽기원설에서는 사람을 세 가지 체질로 구분한다. 이는 체형과 체격을 분류하는 가장 흔한 이론이다.

- **외배엽**: 전체적으로 마른 사람. 팔다리가 얇고 길며 크지 않은 골격을 지님. 지방이 별로 없음. 피부와 신경계가 발달
- **중배엽**: 전체적으로 근육질의 크고 단단한 몸, 넓은 어깨를 지님. 지방량이 낮음. 심장과 혈관, 근육이 발달
- **내배엽**: 일반적으로 덩치가 커 지방이 많고 골격이 크며 넓은 허리를 가지고 있음. 소화기관이 발달

나의 체질은 내배엽이었다. 상체 근육이 많고 하체가 튼튼하고 넓은 어깨를 만드는 데 좋은 조건을 지니고 있었다. 근육이 붙고 나니 기초 체력이 많이 좋아지는 것이 느껴졌다. 꾸준한 운동은 나에 대한 믿음으로 바뀌었다. 그리고 키가 작아 사람들이 나를 무시할 것 같다는 피해의식이 점차 사라지기 시작했다. 하체 근육량의 증가로 인해 달리기가 빨라졌다. 비로소 앞서 언급한 다섯 가지 신체적인 장점을 모두 갖게 되었다.

어린아이의 경우, 하체 근육이 탄탄해지는 운동을 많이 하는

것이 좋다. 스스로 운동할 수 있는 습관을 갖기 위해 달리기, 걷기, 균형 잡기, 도약하기는 필수적으로 요구되는 운동 능력이기 때문이다.

## 자신감을 불어넣어 줄 롤 모델을 찾아라

3학년 민서의 꿈은 국가대표 축구팀의 골키퍼였다. 민서는 운동 신경은 매우 뛰어난 아이였다. 하지만 키가 작고 인스턴트식품과 육류 위주의 식사 습관 때문에 비만 체형이었다. 어느 날 쉬운 땅볼을 놓치는 민서에게 물었다.

"국가대표 골키퍼가 되기 위해 민서가 제일 노력해야 할 게 뭐야?"

"공 잘 막는 연습이요."

나는 유튜브에서 호르헤 캄포스를 검색한 후 민서에게 동영상을 하나 보여 주었다. 그는 멕시코 축구 역사상 가장 기억에 남는 이력을 지닌 골키퍼였다. 키는 173센티미터였지만 특유의 민첩성과 화려한 발기술을 바탕으로 1990년대 후반 멕시코 축구 국가대표팀의 골키퍼로 활약했다.

감탄사를 연발하며 동영상을 시청하는 민서에게 무엇을 느꼈는지 물었다. "키가 작은데 엄청 잘 막아요."라고 대답한 민서에게 나는 키보다 중요한 것이 있다고 했다. 민서 역시 운동 신경으로 작은 키가 지닌 단점은 충분히 극복하고 있었기 때문이다.

나는 정지 화면을 보며 캄포스의 날렵한 몸을 강조했다. 캄포스는 공만 잘 막지 않고 달리기도 빠르기 때문에 국가대표가 된 것이라고 일러 주었다. 사실 민서의 팀에는 달리기가 빠른 아이들이 서너 명 정도 있었다. 그 아이들과 함께 달리면 민서는 뒤처졌다. 그래서 포지션을 정할 때 자신이 잘할 수 있을 거라는 믿음이 있는 골키퍼를 희망한 것이다.

아이의 꿈을 응원하는 지도자의 입장에서 국가대표가 되기 위해서는 비만을 극복해야 한다고 했다. 캄포스처럼 되기 위해 피자나 치킨, 돈가스 등의 인스턴트식품 섭취를 줄이고 생선, 두부, 야채 등의 음식을 먹을 것을 권했다.

며칠 후 민서의 엄마에게서 너무 고맙다고 전화가 왔다. 내가 한 이야기를 엄마에게 설명했다는 것이다. 이후 살을 빼고 싶다며 먹지 않던 생선과 두부, 야채 위주로 식단을 바꾸었다고 한다. 고기는 주말에만 먹겠다고 스스로 말했다고 한다.

민서는 살이 조금씩 빠지기 시작했다. 나는 민서에게 말했다. "민서가 갈수록 캄포스처럼 되어 가고 있는 것 같아." 나는 민서의 사례를 통해 피그말리온 효과가 아이의 내적 동기부여에 매우 큰 영향을 미친다는 것을 체험했다.

모든 운동 종목별로 아이의 신체적 단점을 느끼게 해 줄 만한 롤 모델이 있을 것이다. 그리고 롤 모델을 보여 주며 피그말리온 효과를 이용하는 것은 아이에게 직접 단점을 얘기하며 자존감을 떨어뜨리는 것보다 훨씬 효과적이라는 것을 명심하자.

얼마 전 가수 김종국 씨가 인터뷰에서 운동은 몸이 아닌 마음으로 하는 것이라고 했다. 그렇다. 마음은 내가 원하는 신체를 가질 수 있게 하는 힘이다. 덩치가 작아도 높은 자존감을 유지하며 멋지게 살 수 있다. 그러기 위해서는 좋은 운동 습관을 지니고 있어야 한다. 당신의 자녀가 덩치가 작아도 몸이 단단하고 편식을 하지 않는 아이로 자라날 수 있길 바란다. 이는 후에 아이의 회복탄력성에도 도움이 될 것이다.

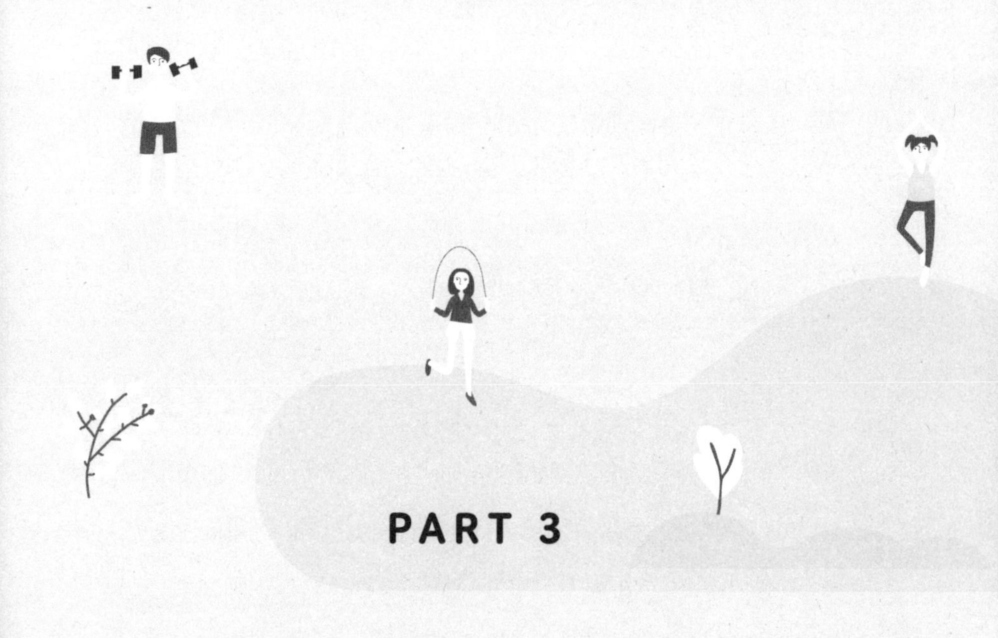

PART 3

# 아이의 성격과 기질에 따른 운동법

# 감정 기복이 심한 아이

내 경험으로 미루어 보건대, 단점이 없는 사람은 장점도 거의 없다.

평소 아이를 좋아했던 나는 내 일이 어렵지 않을 것이라고 생각했다. 그러나 그 생각은 오래가지 못했다. 특히 유아를 상대로 하는 수업은 많이 힘들었다. 나는 아이들은 모두 축구를 좋아하고 에너지가 많을 것이라고 가설을 세웠었다. 하지만 그 가설이 틀렸음을 알게 된 나는 먼저 유아의 특성을 파악하고자 육아 서적들을 대량 구입했다. 수업이 없는 오전이면 틈틈이 서적을 읽었고 오후 수업에 하나씩 적용했다. 그 과정 속에서 알게 된 가장 중요한 사실은 아이들의 성격이 모두 다르다는 것이다. 그리고 이를 결정하는 요인은 기질이었다.

기질이란 무엇인가? 나는 이렇게 정의한다. 기질은 아이가 태어날 때부터 갖게 되는 마음의 모양이며 유전적, 선천적이다. 《기질별 육아혁명》이라는 책에서 저자는 기질을 연구하려면 환경의 영향이 가장 작은 유아기 아동의 모습들을 연구 대상으로 하는 것이 좋다고 했다.

얼마 전, 한 지도자가 나에게 물었다.

"축구를 지도하면서 가장 다루기 힘들었던 아이는 누구였나요?"

나는 힘들었던 초창기를 떠올렸다. 그리고 감정 기복이 심한 아이라고 대답했다. 내가 연구한, 감정 기복이 심한 아이들은 다음과 같은 특징을 지니고 있었다.

- 에너지가 많고 활발하다.
- 자신이 잘하는 것 혹은 하고 싶은 것만 하려고 한다.
- 갖고 싶은 것은 꼭 가져야 한다.
- 강한 척하지만 속은 여리다.
- 가만히 앉아 있지 못한다.
- 승부욕이 강하다.
- 질문이 많고 참을성이 부족하다.
- 감정표현이 적극적이다.
- 어지럽히기만 하고 뒷정리를 하지 않는다.

실제로 미국의 심리학자 클로닝거 박사의 기질-성격 검사 이론에 따르면 감정 기복이 심한 아이는 기질 평가 항목 중 '새로움 추구'가 높다. 나는 이런 특성을 파악한 후 코칭을 통해 네 가지의 결론을 내렸다.

### 아이가 싫증을 내는 활동을 놀이로 대체하라

나는 솔뫼 스포츠의 지도자들을 교육할 때 아이들이 앉아 있는 시간을 최소화하라고 한다. 운동을 하러 온 아이들에게 앉아 있는 시간은 지루함 그 자체이기 때문이다. 특히 감정 기복이 심한 아이는 활동적이고 에너지가 많기 때문에 앉아 있는 시간이 괴롭다. 하지만 아이들이 한자리에 앉아 지도자의 설명을 들어야 수업이 진행되기 때문에 앉아 있는 시간도 필요했다. 나는 코칭 큐와 몇 가지 놀이 개발을 통해 앉아 있는 시간의 문제점을 해결했다. '코칭 큐'란 지도자와 아이 상호 간의 약속으로, 내가 손을 들면 모두 나에게 뛰어온다거나 무릎을 잡으면 모두 하던 동작을 멈추는 등 대부분의 운동 지도자들이 활용하는 수단이다.

내가 귀를 만지면 골대 앞에 앉아 아빠 다리를 하자는 코칭 큐를 말한 후 얼음놀이에 대해 설명했다.

"가장 빨리 앉아서 오랫동안 얼음이 되는 친구가 1등이야. 알겠지?"

아이들에게 놀이는 즐거운 것이라는 인식이 강하다. 얼음놀이 역시 앉아서 집중해 달라고 하는 것보다 훨씬 효과적이었다.

규칙에 대한 설명을 수월하게 진행한 후 똑딱똑딱 질문 게임을 통해 아이가 규칙을 이해했는지 확인하는 절차를 거쳤다. 내가 입으로 '똑딱똑딱' 소리를 내면 규칙에 대해 이해한 것을 바탕으로 나에게 질문하는 방식이다. 아이들은 내가 내는 소리에 즐거워했다. 질문을 즐기는 아이들은 게임에 적극적으로 참여했다. 사실 수업을 진행하다 보면 동시다발적으로 "이렇게 하는 거 맞죠?"라고 하는 질문에 일일이 대답해 주는 것이 버거울 때가 있다. 그런데 질문이 많은 아이의 특성을 이용해서 놀이로 진행하니 수업의 흐름을 중단시키는 질문도 감소하게 되었다.

수업이 마무리될 때면 뒷정리를 하는 습관을 길러 주기 위해 청소 농구놀이를 진행했다. 내가 가운데에서 공 가방을 벌리고 앉아 있으면 아이들이 널브러져 있는 공들을 집어넣는다. 하나를 넣을 때마다 자신의 점수를 크게 외치라고 했다. 그러자 아이들은 즐겁게 뒷정리에 참여하게 되었다.

가만히 앉아 있지 못하던 아이들은 얼음게임을 통해 누가 오래 버티는지 승부를 즐기게 되었다. 수시로 질문에 답변해 주느라 힘들었던 나는 똑딱똑딱 질문 게임으로 수업이 편해졌다. 청소 농구 게임을 통해 어지럽히는 것에만 익숙했던 아이들이 뒷정리를 즐겁게 하는 모습을 볼 수 있게 되었다. 아이들이 싫증 내는 활동을 놀이로 바꿔 준 효과였다.

## 불안함을 일으키는 요소를 인정하고 극복하게 하라

여섯 살 다훈이는 축구를 하는 날이라면 일찍 일어날 정도로 축구광이었다. 매번 수업 시작 전 자유시간에는 슈팅하는 것을 좋아했다. 다훈이의 유치원 선생님을 통해 장래 희망이 축구선수라는 사실도 알 수 있었다. 그러던 어느 날 다훈이 엄마에게서 전화가 왔다. 다훈이가 축구를 그만하고 싶다고 했다는 것이다. 축구가 어려워서 싫다고 했단다.

나는 지난 수업 영상을 보면서 무엇이 어려웠는지 파악했다. 다훈이는 성벽 부수기 게임을 할 때 유독 어렵다는 표정을 짓고 있었다. 성벽 부수기는 상대 팀 골대에 고깔 콘을 여러 개 세워 놓은 후 맞추는 형식으로 킥의 정확도를 향상시키는 훈련이다. 나는 다훈이가 자유시간에 슈팅을 할 때마다 "나이스 슈팅!"이라고 말해 주었다.

다훈이는 집에서도 슈팅에 자신이 있다고 자주 말한다고 했다. 하지만 성벽 부수기는 고깔 콘을 쓰러뜨리지 않으면 점수를 받지 못했다. 아마도 다훈이는 가장 자신 있던 슈팅을 인정받지 못해 속이 상했던 것 같았다. 아이는 자신 있어 하는 활동에서 인정받지 못하면 불안함을 갖는다. 그런 불안함이 축구를 하기 싫다는 표현으로 이어진 셈이다.

그날 저녁, 아이들의 운동 능력을 최대한 자세히 기록할 수 있는 문서를 만들어 보았다. 장점과 단점을 모두 기록할 수 있는 보고서의 형태로 말이다. 다훈이의 경우는 힘, 볼 감각, 슈팅 능력이 우수하지만 킥의 정확도가 부족하다는 것을 수치로 표현했다. 그리고 마지막에 코멘트를 남겼다.

"슈팅의 정확도를 기르는 연습을 많이 하면 멋진 축구선수가 될 수 있다."

보고서가 전송된 후 다훈이 엄마에게서 문자 메시지가 왔다. 다훈이가 집에서 정확도를 기르는 킥 연습을 하기 시작했다고 말이다. 솔뫼 스포츠는 2014년부터 운동능력평가보고서라는 것을 학기별로 각 가정에 전송하고 있다. 이는 아이로 하여금 능동적인 훈련 태도를 갖추도록 하는 데 큰 도움이 되었다.

### 승부욕을 불러일으키는 과제를 부여하라

다섯 살 시현이는 나의 공을 빼앗는 것을 좋아했다. 어쩌다 공을 빼앗은 날은 집에 와서 코치님하고 축구를 했는데 이겼다고 자랑을 한다고 했다. 나는 이런 시현이의 모습에서 영감을 얻어 아이들이 어려워하는 '공 지키기 훈련'을 '코치보다 오랫동안 공 지키기'로 발전시켜 보았다. 나는 반의 수준에 맞춰서 짧게는 5초 길게는 1분 정도의 시간 안에 공을 빼앗겨 주었고 아이들이 매우 즐거워하는 모습을 볼 수 있었다.

감정 기복이 심한 아이의 공통점을 파악하면서 놀라운 사실을 알 수 있었다. 공통적인 특징이 모두 내가 가진 것들이었기 때문이다. 나는 한 가지 운동만 할 수 있는 성격이 아니었다. 어머니는 그런 나에게 여러 가지 운동을 접하게 해 줌으로써 단점을 장점으로 만들 수 있게 도와주셨다.

감정 기복이 심한 아이는 보통 금세 싫증을 낸다. 앞에 언급한 불안 요소를 해소하지 못하는 경우가 그렇다. 때문에 여러 가지 운동을 경험하게 된다. 이 과정에서 중요한 것은 새로운 운동을 시작할 때의 아이의 마음 상태다. 예를 들어, 달리기가 느리고 집중력이 좋은 아이는 달리기에 대한 불안 요소를 가지고 있을 것이다.

이런 아이가 축구에 싫증을 냈다고 하면 "달리기가 느려도 잘할 수 있는 야구를 해 볼까?", "야구를 하면서 달리기가 빨라지면 그때 다시 축구를 해 볼까?"라고 해 보자. 아이에게는 야구를 하게 되는 이유와 마음으로 준비할 시간이 생긴다. 이는 싫증 내지 않고 운동을 잘하고자 하는 마음으로 이어질 것이다.

# 02 집중력이 부족한 아이

모든 인간의 밑바탕에는 남에게 인정받고 싶다는 열망이 깔려 있다.
– 윌리엄 제임스

아이는 성장하면서 환경적, 사회적 학습 효과를 경험하게 된다. 그 과정에서의 깨달음이 아이의 기질과 혼합되어 만들어지는 것이 바로 성격이다. 기질은 쉽게 변하지 않는다. 다만 성격은 어떤 성장 환경을 경험하느냐에 따라 달라질 수 있다.

나의 학창시절 생활기록부에 꼬리표처럼 달려 있던 한 줄은 '집중력이 부족한 아이'였다. 자리에 앉아서 오랜 시간 공부하는 것이 괴로웠다. 다른 생각을 하다가 수업 내용을 놓치는 경우가 많았다. 나 스스로에게 내릴 수 있는 특단의 조치가 필요했다. 짧은 집중력을 효율적으로 활용해 보기 시작했다. 꾸준한 노력은 습관이 되었고 고등학교 때는 집중력이 부족하다는 소리를 듣지 않게 되었다.

집중력은 기질에 의해 발현되는 능력이다. 집중력이 부족한 것은 고쳐야 할 단점이 아니라 그에 맞는 적합한 코칭이 필요한 일이다. 운동 지도를 시작했을 때 내 말에 귀 기울여 주지 않고 다른 행동을 하는 아이들에게 서운했던 적도 있었다. 하지만 나의 어릴 적 행동을 떠올리며 지금의 마음을 지니게 되었다.

집중력이 부족한 아이들에게 가장 필요한 것은 이끌림이다. 이는 내적 동기부여보다는 작은 개념이다. 그렇다면 운동을 지도하거나 선택할 때 아이들에게 이끌림의 감정을 느끼게 하기 위한 방법에는 어떤 것들이 있을까?

### 집중할 수 있는 과제를 부여하라

여섯 살 덕현이는 에너지가 많고 활동반경이 넓은 아이였다. 손을 잡고 있지 않으면 어디론가 튀어 나갈 것 같은 위험 요소가 다분했다. 또한 호기심이 많고 자기주도적 놀이 이외에는 관심이 없었다. 운동을 가르치는 입장에서 매우 까다로웠다. 준비한 프로그램의 대부분을 놓치는 경우가 많았다.

덕현이는 축구 경기를 하면서 칭찬받는 것을 좋아했다. 우리 팀 골대에 자책골을 넣어도 칭찬을 갈망하는 눈빛을 보냈다. 자책골을 넣어 칭찬해 주지 않으면 매우 실망하는 눈치였다. 그럼에도 불구하고 집에 가면 축구가 너무 좋다고 얘기한다고 했다. 나는 덕현이가 축구시간이 즐겁다고 하는 이유가 두 가지에 있다고 가설을 세웠다. '골을 넣으면 칭찬을 받는다'는 것과 '칭찬을 받고 싶다'는 것이다. 이 두 가지의 가설 중 '칭찬을 받고 싶다'에 조금 더 집중했다. 칭찬의 횟수를 늘리며 교육적인 효과를 동시에 얻고자 덕현이가 충분히 할 수 있어 보이는 과제를 부여하기 시작했다. 처음 부여한 과제는 내가 설명해 준 게임 규칙에 대해 확인차 질문할 때 제일 먼저 손들고 발표하기였다.

덕현이는 자연스럽게 설명을 들으려고 했다. 나는 덕현이가 발표한 후에는 강하게 칭찬해 주었다. 사실 그 반에는 덕현이와 비슷한 성향의 아이들이 몇 명 더 있었다. 그래서 일부러 덕현이와 그 아이들에게 발언권을 많이 주었다. 발표를 한 아이들에게는 꼭 칭찬 카드를 지급했다.

어느 날 덕현이가 "코치님, 오늘은 무슨 게임 할 거예요?"라고 물었다. 나는 이 질문을 한 것 역시 칭찬해 주었다. "덕현이가 축구를 잘하려고 열심히 노력하고 있구나."라고 말해 주었다. 집중력을 길러 주기 위해서는 아이 스스로 집중하도록 만들 수 있는 과제를 부여하는 것이 효과적이라는 것을 느꼈다.

### 누적 학습법을 이용하라

나는 팀을 나누어 훈련할 때마다 아이들에게 번호를 부여한다. 자신의 번호를 부르면 행동하는 일종의 코칭 큐로 활용한다. 연령이 낮을수록 번호를 자주 잊어버리는 아이가 많다. 그래서 두

번 이상 눈을 보고 머리를 만지며 번호를 말해 준다. 그리고 시작 전에 한 번 더 묻는다. 이 원리는 누적 학습법에 기초한다.

누적 학습법이란 무엇인가? 쉽게 말하자면 한 번 배운 것을 다음 날 간단하게 다시 알려 주는 것이다. 그다음 날에는 더 간단하게 또다시 알려 준다. 그러면 누적된 정보는 영구적인 기억이 되어 간다. 고등학교 때 인터넷으로 접한 스타 강사의 강의법이었는데 어려웠던 개념들을 쉽게 이해하는 데 많은 도움이 되었다.

나는 운동을 지도할 때 아이들에게 누적 학습법을 자주 이용하는 편이다. 예를 들어, 5개의 고깔을 세워 놓고 공을 발로 이동하며 지그재그로 움직여야 하는 훈련이 있다고 치자. 우선 제자리에서 공을 안쪽에서 바깥으로, 바깥에서 안쪽으로 이동하는 연습을 한다. 그다음 콘 한 개를 돌아서 온다. 다시 콘 2개를 돌아서 온다. 또 콘 3개를 돌아서 온다. 다시 콘 4개를 돌아서 온다. 마지막으로 콘 5개를 돌아서 온다.

이렇게 하면 6개 모두 다른 훈련으로 인식되지만 동작이 누적되는 셈이다. 이렇게 운동을 진행하면 아이들에게는 콘 5개를 돌아서 오는 것이 상대적으로 쉽게 느껴진다. 쉽게 이해할 수 있는 동작들부터 하나씩 누적해서 진행하다 보면 어느 순간 아이들의 집중력과 이해력이 높아짐을 알 수 있었다.

### 특별한 역할을 부여해서 책임감을 길러 줘라

여섯 살 도현이는 자신의 의견을 "하기 싫어요.", "칭찬 카드 안 받아도 돼요." 등 부정적인 방향으로 표출하는 경우가 많았다. 게임이 진행 중일 때마다 재미없다고 다른 게임을 하고 싶다고 말했다. 축구 경기를 하면 일부러 공을 우리 팀 골대에 차고 친구들과 다투는 적도 있었다. 도현이의 엄마는 혼을 내서라도 그런 행동을 제지해 달라고 부탁했다. 하지만 나는 도현이가 관심을 받고 싶은 마음을 그렇게 표현한다는 것을 알고 있었다.

하루는 도현이에게 축구 경기 중 '조커'라는 역할을 부여했다. 조커의 임무는 지고 있는 팀을 돕는 것이었다. 도현이에게만 노란 조끼를 입혔다. 나는 경기 중 도현이에게 "달리기가 빠른 도현이가 가운데에서 빨간 팀 친구의 공을 빼앗아 줘야 파란 팀이 골을 넣을 수 있을 것 같아."라고 말했다. 반대의 경우도 마찬가지였다.

특별한 역할, 감투를 쥐어 주면 그로 인해 발생하는 책임감 때문에 행동을 유도하기가 쉬워진다. 아이가 누군가의 관심을 받고 있다고 느끼면 그 사람에게 인정받고 싶어 하기 때문이다.

### 소수 그룹 운동을 위주로 하라

집중력이 부족한 아이는 여러 명이 함께 듣는 수업에 능동적으로 참여하지 못한다. 운동을 할 때도 모든 설명을 듣기 전에 이미 다른 것에 관심을 갖게 된다. 하지만 소수 그룹 운동을 하게 되면 아이의 수동적인 자세에 맞추어 지도자가 아이를 적극적으로 참여하게 할 수 있다. 아이가 좋아하는 운동이 있다면 소수 그룹으로 운동을 할 수 있는지 확인해 보라. 나의 경험상 수업 인원은 훈련시간(분)을 10으로 나눈 것이 적당하다. 예를 들어, 40분 수업이면 4명, 50분 수업이면 5명인 셈이다.

03

# 행동이 느린 아이

사람을 다루는 비결은 상대방의 입장에 서서 이해하는 것이다.
– 케네스 M. 구드

매년 4월이 지나면 학교나 유치원에서 운동이 필요할 것 같다는 의견을 듣고 상담을 요청하는 부모들이 많다. 가장 대표적인 두 가지 예는 첫째, 에너지가 많아 분출해 줄 필요가 있는 아이다. 산만하고 수업에 집중하지 못하는 경우가 이에 해당된다. 둘째, 소극적이고 행동이 느린 아이다. 행동이 느린 아이는 기질 평가 요소 중 새로움 추구와 지속성이 낮은 아이다.

《기질별 육아혁명》의 저자 박진균은 이를 '거북이형 아이'라고 분류했다. 거북이형 아이는 밥도 떠먹여 주어야 하고, 신발도 신겨 주어야 신는다. 옷도 혼자 입지 않으려고 한다. 공통적으로 수동적인 성향을 띤다. 단체운동을 할 경우에도 개별적으로 다시 알려 주어야 수행하려고 한다. 때문에 아쉽게도 이러한 특성을 고쳐 주는 데 축구는 크게 도움이 되지 못한 적이 많다. 수동적인 아이의 부모는 속상한 마음에 자신을 자책할 때도 있다. 하지만 그럴 필요가 없다. 이런 특성은 부모가 다 해 줘 버릇해서 생긴 게 아니라 아이가 태어날 때부터 가진 기질이다.

행동이 느리다는 것은 그만큼 부모 혹은 의지하는 누군가에게서 관심을 받고 싶다는 표현이다. 5세 무렵의 아이는 유치원, 어린이집 등에서 단체생활을 경험하게 된다. 그러면서 자신이 어떻게 해야 관심을 받을 수 있는지 스스로 알게 된다. 관심을 요구하는 방식은 제각각이다. 행동이 느린 아이의 경우, 밥을 늦게 먹고 있으면 교사가 떠먹여 준다. 단체 수업 시간에 교사의 설명을 듣지 않아 아무것도 하지 않고 있으면 어느 순간 1:1로 지도를 받게 된다. 이미 익숙해진, 관심을 끄는 방법은 쉽게 고칠 수 없다.

여기서 생각해야 할 것이 하나 있다. 행동이 느린 것과 달리기가 느린 것은 전혀 별개다. 운동 신경은 기질이 아니기 때문에 아이가 스스로 변화할 수 있다. 행동이 느린 아이에게 가장 필요한 것은 자신감이다. 이를 통해 궁극적으로는 능동적인 자세를 갖추게끔 해 주어야 한다. 행동이 느린 아이에게 운동을 권하는 이유는 바로 이 때문이다.

행동이 느린 아이는 운동하면서 칭찬받을 기회가 상대적으로 적을 확률이 높다. 앞서 아이가 수동적인 자세로 기다리는 이유가 관심을 받고 싶어서라고 했다. 아이에게 칭찬은 관심보다 더 높은 보상의 개념이다. 때문에 나는 행동이 느린 아이의 경우 칭찬을 장려하는 것이 가장 효과적으로 아이를 변화시킬 수 있는 방법이라고 주장해 왔다. 아이가 운동을 통해 칭찬받는 것이 더 좋다고 느끼는 순간부터 아이와의 협상은 전보다 나아진다.

나는 행동이 느린 아이를 위해 다음과 같이 네 가지의 운동법을 제안한다. 이를 순서대로 적용할 것을 추천한다.

### 스스로 할 수 있는 비율을 높이며 운동하라

수동적인 아이의 특성상 기질적으로 반대의 부분을 만들어 주기 위해서는 궁극적으로 혼자 하는 운동을 하게 하는 것이 맞다. 대표적인 운동으로는 피트니스와 수영이 있다. 개인 운동의 특성상 강사가 직접 아이를 케어하기 때문에 아이의 입장에서 관심을 얻으려고 할 필요가 없다.

특히 수영은 물에 뜨는 것부터 아이 입장에서 스스로 할 수 있는 것들이 점차 많아진다. 이 점을 크게 칭찬해 준다면 관심받기 좋아하는 기질을 지닌 아이이기 때문에 매우 좋아할 것이다.

처음 운동을 등록할 때 강사에게 요청하길 바란다. "자신감이 없어서 수동적인 아이이니 작은 변화나 발전이 있더라도 칭찬을 많이 해 주세요."라고. 그럼 아이는 점차 스스로 할 수 있다는 자신감을 가질 것이다. 피트니스의 경우, 집에서 부모와 짝을 지어 윗몸일으키기를 실시하고 점차 횟수를 늘리며 목표를 상향해 보

자. 한 개씩 늘어 가는 성취에 부모의 반응이 있다면 아이는 조금은 느린 속도일지라도 운동이 주는 성취감을 깨닫게 될 것이다.

### 첫 운동으로 단체운동은 피하라

행동이 느린 아이는 수동적인 마음가짐이 습관이 되어 있기 때문에 운동을 배우는 속도가 상대적으로 느리다. 태권도, 축구 등의 단체운동을 첫 운동으로 하게 되면 함께 배우는 친구들에 비해 자신이 뒤떨어지는 것을 분명히 느끼게 된다. 이는 자신감을 떨어뜨릴 수 있는 계기가 되어 오히려 좋지 않다. 수영이나 피트니스 등을 통해 아이의 마음뿌리에 자신감을 심어 준 뒤 단체운동을 하는 것이 나은 이유다.

### 지속성을 길러 줄 만한 조건부 계약을 하라

행동이 느린 아이는 지속성이 낮은 기질적 특성으로 인해 한 가지 운동을 오래 하지 못하는 경향이 있다. 부모가 이러한 아이의 기질을 사전에 파악하고 있으면 운동을 등록할 때 기간에 대한 약속을 할 필요가 있다. 이것의 목적은 아이의 성취감을 길러 주고 그로 인해 자신감을 만드는 데 있다.

가령 아이가 수영을 시작한다고 치자. 이때 먼저 환경에 대한 아이의 두려움이 줄어들기 전까지는 조건을 내세우면 안 된다. 아이가 수영을 좋아한다는 말을 할 때까지 기다려라. 이후 조건을 내세우도록 한다. 자유형을 다 배우면 원하는 선물을 사 주겠다고 말이다.

배영, 평영, 접영 등 한 단계씩 올라갈 때마다 마찬가지의 방법을 적용한다. 그럼 아이는 성취에 따르는 보상에 취해 전에 없던 도전 의욕이 많이 생길 것이다. 지도자에 대한 불신 등의 예외적인 상황만 배제한다면 이는 모든 운동에 적용할 수 있는 효과적인 방법이다.

### 부모가 아이의 첫 경쟁자가 되어라

아이가 하는 운동이 무엇이든 도전 의욕이 생기고 나면 경쟁을 통해 승리하는 경험이 필요하다. 승리하는 것을 즐기게 되면 단체운동을 배우게 될 때 전과 달리 능동적으로 수업에 참여하게 될 것이다. 처음 경쟁심을 심어 줄 때는 경쟁 상대가 아이가 승리할 수 있는 상대여야 한다. 운동을 잘하는 또래나 친척은 잘못하면 아이에게 패배감만 남길 수 있다. 그래서 가장 좋은 첫 경쟁자는 부모다.

가령 아빠와 아이가 팔굽혀펴기 시합을 한다고 치자. 첫 번째 시합에서 아이가 5개를 했다고 치면 아빠도 5개를 하자. 그다음에 혹시라도 아이가 6개를 하면 아빠는 5개를 하자. 져 주더라도 무승부 후에 승리를 경험하게 해 주면 아이는 승리하는 것이 당연하다고 생각하지 않는다. 경쟁심을 갖게 되는 셈이다. 시합이 끝난 후 아빠가 아이에게 한마디를 던져 주는 것도 좋다.

"힘이 엄청 세네. 아빠가 ○○이 이기려고 운동 엄청 열심히 할 거야. 다음에 또 붙어."

아이는 또 승리하기 위해 열심히 노력할 것이다.

04

# 자주 지각하는 아이

인간은 일반적으로 동정을 받고 싶어 한다.
그래서 아이들은 상처를 내보이며 엄살을 부린다. 어른도 마찬가지다.
– 아서 I. 게이츠

내게는 시간 약속의 중요성을 깨닫게 해 준 사건이 있었다. 20대 초반 가장 친했던 친구와의 사이에 있었던 이야기다. 당시 친구는 소방 공무원 시험을 준비하고 있었고 나는 평범한 대학생이었다. 친구가 오랜만에 전화를 걸어 왔다. 공시 공부를 하느라 자주 볼 수 없던 친구였기 때문에 반가웠다. 친구는 약 한 시간 정도 같이 조깅을 하자고 했다.

내가 밥을 사겠다고 했지만 친구는 미안한 목소리로 시험에 합격하면 먹자고 했다. 워낙 편했던 사이인지라 10분 정도 늦게 약속 장소에 도착하게 되었다. 오랜만에 만나 반가운 마음에 손을 흔든 나와 달리 친구는 매우 상기된 표정이었다. 고작 10분 때문에 화를 낼 사이는 아니라고 생각해서 무슨 일이냐고 물었다.

나에게 있어 10분은 짧은 시간일 수 있었다. 하지만 공시 공부에 매진해야 하는 친구의 입장에서 10분은 매우 긴 시간이었다. 운동하는 한 시간 중 50분을 뛰고 10분 정도 나와 대화를 나누고 싶었을 테다. 10분 전에 나와 기다리고 있었으니 말이다. 20분을 기다린 셈이다.

오랜만에 만나는 친구가 얼마나 기다렸을지 생각하니 마음이 너무 아팠다. 결국 우린 길에서 서로의 입장을 얘기하느라 10분을 더 허비했다. 운동이 끝나고 곧바로 집으로 가는 친구의 뒷모습을 본 그날 이후, 난 시간 약속에 대한 나만의 원칙을 세우게 되었다. 어떤 약속이든 아무리 늦어도 10분 전에는 도착하리라 다짐했다.

이후 솔뫼 스포츠의 셔틀버스 운행을 직접 하면서 나를 기다렸던 친구의 기분이 이해가 되는 경우가 종종 있었다. 개인적인 이유로 한 아이가 5분 늦게 차량에 탑승하면 마지막에 타는 아이는 길게는 20분가량 늦어지는 것이 그 예다. 차량이 늦어지면 동승하는 보조 교사는 다음 학부모들 모두에게 사과 전화를 돌려야 한다. 날씨가 덥거나 추운 날이면 오래 기다린 아이와 부모에게서 원망 섞인 불평을 들어야 한다. 수업시간에도 늦어져 아이들의 수업이 여유롭게 진행되지 못한다. 옷을 갈아입거나 간식을 먹다가 늦는 경우부터 시간을 착각한 경우까지 다양한 이유가 있었다.

시간 약속의 중요성은 부모가 가르쳐 주는 것이 가장 좋다. 나는 어릴 때부터 기다리게 하는 것보다 기다리는 것이 인간관계의 매너라고 배웠다. 성인이 되어서 친한 친구와의 약속에 마음을 느슨하게 먹기 전까진 말이다. 때문에 워킹맘인 엄마의 통제가 없으면 습관적으로 늦게 나오는 아이들에게 부모의 마음으로 알려 주고자 내가 20대에 느꼈던 깨달음을 어떻게 전해 줄 수 있을지 고민했다.

1학년 은후는 매번 차량 도착 시간보다 늦게 나왔다. 그에 대한 조치로 도착 5분 전에 곧 도착한다는 전화를 하곤 했다. 그래도 가끔은 늦었다. 또한 수업이 시작되면 화장실을 자주 가곤 했다. 아이들은 한 명이 화장실을 가면 따라서 나가는 경우가 많다. 은후를 따라 화장실을 가고 싶다고 하는 아이들로 인해 수업이 지체되는 경우가 많았다. 열심히 수업에 임하는 아이들은 자연스럽게 피해를 보게 되었다. 화장실은 쉬는 시간에 가자는 원칙을 정했음에도 은후의 습관은 쉽게 고쳐지지 않았다. 특단의 조치로, 화장실에 간 은후 대신 내가 팀원이 되어 수업을 진행한 적도 있다.

하루는 은후가 혼자 화장실을 가고 싶다고 했다. 나는 수업을 멈추고 아이들에게 은후가 오면 다음 프로그램을 진행하겠다며 모두 자리에 앉아 있으라고 말했다. 그리고 아이들이 지루해하는 표정을 사진으로 찍었다. 수업을 마친 후 은후에게 사진을 보여 주며 대화를 시작했다.

"은후야. 이 사진 속 친구들 기분이 어때 보여?"

"화나 보여요."

실제로 아이 중 하나가 심하게 인상을 쓰고 있었기 때문에 이런 대답이 나올 수 있었다. 나는 차분하게 은후를 설득하기 시작했다. 친구들의 기분이 나쁜 이유가 무엇인지부터 알려 주었다. 은후가 화장실을 가고 싶다고 말한 건 잘못된 게 아니라고 했다. 생리현상을 무슨 수로 막겠는가? 다만 은후가 자주 화장실을 가게 되면 친구들은 은후 없이 게임을 진행해야 한다고 했다. 인원이 맞지 않을 때는 자리에 앉아 기다려야 한다고 했다. 그리고 물었다.

"가만히 앉아서 은후를 기다리는 친구들의 기분이 어땠을까?"

"지루했을 것 같아요."

설득 끝에 화장실은 쉬는 시간에만 이용하겠다는 은후의 대답을 들을 수 있었다. 이어서 차량운행을 할 때 다음 친구의 기분에 대해서도 물어볼 수 있었다. 은후의 엄마와 그날 일에 대해 통화하고 난 후로 은후는 늦게 나오는 일이 거의 없었다. 친구들의 표정이 담긴 사진 한 장으로 인해 남을 생각하는 마음의 중요성을 깨닫기 시작한 것이다. 워킹맘이었던 은후의 엄마는 나에게 고마움을 표현해 주었다. 동시에 다음 고민을 토로했다.

은후가 잠을 늦게 자고 등교 준비를 하는 데 있어서도 바쁜 엄마의 마음을 헤아리지 못한다는 것이었다. 나는 내가 은후에게 적용한 대화법을 권했다. 은후가 늑장을 부릴 경우 엄마한테 벌어지는 일들을 차분하게 하나씩 나열하라고 했다.

그리고 잠을 늦게 자는 습관을 고치기 위해 주말과 공휴일은 종목에 상관없이 오후 해 질 녘까지 운동하는 날로 정해 주라고 했다. 신체는 운동을 하고 나면 젖산으로 인해 자연스레 피로를 느낀다. 한번 잠에 든 시각을 주기적으로 고정시켜 줄 생활패턴을 만들어 주는 것이 바로 규칙적인 생활의 핵심이다. 규칙적인 생활은 어찌 보면 잠자는 시간에서부터 시작되는 것이다. 월요일에 일찍 일어나는 것이 목표였기 때문에 일요일 저녁에 피로를 느끼게 하는 것이 가장 이상적이었다. 당시 내가 보낸 문자 메시지의 내용은 다음과 같다.

어머님. 방금 통화한 내용을 정리하자면 이렇습니다. 아까 말씀해 주신, 은후가 좋아하는 운동을 전부 나열해 보면 자전거, 인라인스케이트, 수영, 축구, 강아지 산책, 줄넘기입니다. 그러니 이런 식으로 계획해 보세요.

1. 14일(일) 16:30~17:30 자유 수영 / 18:00~18:30 강아지 산책 (먹고 싶은 저녁밥 해 주기)
2. 21일(일) 15:00~17:00 축구 / 17:30~18:00 줄넘기 200개(성공하면 간단한 선물 증정)

3. 28일(일) 17:00~18:00 자전거 / 18:00~19:00 인라인스케이트(부모님과 함께 공원에서 하기)

함께 할 수 있는 친구가 있으면 더 좋고요. 갑자기 바꾸는 패턴이기 때문에 적당한 보상이 있어야 거부감이 없을 겁니다.

매주 일요일을 운동하는 날로 인지한 결과 은후 스스로 계획표를 만든 적도 있다고 했다. 요즘에는 배드민턴도 병행하고 있다고 했다. 은후는 지각하지 않는 어린이가 되었다고 한다. 지금은 솔뫼 스포츠에 재원하고 있지 않지만 나는 은후를 통해 시간의 소중함을 알려 주는 방법을 깨닫게 되었다. 감사할 따름이다.

자신의 아이가 은후처럼 나쁜 습관을 고치고 규칙적인 생활을 하길 원하는가? 010.4115.7195로 문자를 보내 컨설팅을 요청하는 것도 좋은 방법이다. 자세한 상담을 통해 아이의 생활 패턴을 파악하고 알맞은 운동법을 제시해 주겠다.

# 05 늘 짜증과 신경질을 내는 아이

사람의 가치는 다른 사람과의 관계에서만 측정될 수 있다.
– 프리드리히 니체

초등학교 3학년 진구는 친구들과 다툼이 잦다. 지도자에게도 욕설을 하는 등 자신의 감정표현을 격하게 해야 직성이 풀린다. 축구를 처음 배우는 친구가 실수해서 진구의 팀이 경기에서 진 적이 있었다. 경기 중에도 끝난 후에도 진구는 실수한 친구를 계속 나무랐다. 당황한 친구는 속상해했고 결국 눈물을 보였다. 나는 아이들을 불러 모았다. 그리고 물었다.

"너희들 중에 메시보다 축구를 잘하는 사람 있어?"

"아뇨."

"얼마 전에 축구 경기를 보는데 메시도 실수를 했단다. 메시가 실수로 공을 빼앗겼는데 라키티치랑 부스케츠가 공을 다시 빼앗았어. 메시의 기분이 어땠을까?"

"고맙겠죠."

"축구는 친구가 실수해도 이길 수 있어. 그 친구만 있는 게 아니니까."

짜증과 신경질을 내는 진구의 행위를 지적하면 분명 실수한 친구를 탓할 것이기 때문에 대화를 이어 가진 않았다. 사람은 누구나 자신의 생각대로 일이 풀리지 않을 때 부정적인 감정이 든다. 그리고 늘 짜증을 내는 아이들은 공통적으로 남을 탓하는 습관이 있다.

부정적인 감정의 원인을 상대방에게서만 찾으려고 하기 때문에 자신의 행동이 잘못되었다고 생각하지 못한다. 그래서 아이에게 자신의 잘못도 있음을 납득시킬 만한 사례를 먼저 말해 준 후 생각할 기회를 주어야 한다. 아이는 이미 감정표현을 하고 난 다음이기 때문에 조금 더 차분하게 훈육할 수 있다.

나는 수업이 끝난 후 진구와 둘이 대화를 이어서 했다.

"진구야. 오늘 경기에서 져서 화가 난 것 같더라. 그런데 아까 코치님이 한 말 기억나니?"

"네. 그런데 걔가 실수해서 골을 먹은 건 맞잖아요."

"그럼 오늘 경기에서 진 게 친구가 실수해서 진 거라고 생각해?"

"아니요, 그건 아닌데… 친구가 실수를 안 했으면 이길 수 있었어요."

진구의 팀은 큰 점수 차이로 패배했다. 친구의 실수로 인한 실점은 2점뿐이었다. 때문에 나는 진구에게 이렇게 말했다.

"그 친구가 실수를 안 했어도 너희 팀은 졌어. 너희가 2골을 더 넣었어도 경기 결과는 달라지지 않잖니? 진구야. 축구는 혼자 하는 게 아니야. 너희는 아직 축구를 배우고 있는 어린이기 때문에 앞으로도 실수하는 친구가 있을 거야. 진구가 메시보다 축구를 잘하지 않으니까 너도 마찬가지고. 한 골을 먹어도 2골을 넣으면 이겨. 진구가 경기에 져서 짜증이 난 거라면 앞으로 코치님이 알려 주는 대로 해 봐. 친구가 실수했을 때, 2골을 넣기 위해서 더 열심히 뛰자고 말해 봐. 그렇게 했는데도 경기에서 지면 코치님은 진 팀을 더 칭찬해 줄게."

그러면서 2002년 월드컵 한국 대 독일의 4강전 경기 영상을 보여 주었다. 구체적으로는 1:0으로 패배했지만 경기 종료 후 관중들이 보내는 기립박수와 눈물을 흘리는 부분을 재생했다. 멋지게 패배하는 것의 소중함을 알려 주고 싶었다. 진구의 짜증 내는 습관 고치기 프로젝트는 그렇게 시작되었다.

사실 진구를 만나면서 짜증을 많이 내고 다툼이 잦은 아이에 대한 연구를 하고 싶었다. 교우관계에서 갈등이 많은 아이들은 친구들에게 따돌림을 당할 가능성이 높다. 학교폭력의 피해자였던 나는 아이들이 그런 상황에 처하지 않도록 돕고 싶었다.

아니나 다를까, 진구는 이미 교우관계에서 문제를 겪고 있었다. 같은 학교에 다니는 친구가 말하기를 축구 할 때 보이는 모습들을 학교에서도 동일하게 보인다고 했다. 진구를 싫어하는 친구들이 많다면서 말이다.

진구는 남을 놀리는 것을 좋아했다. 상대방을 탓하는 습관과 남을 놀리는 것을 좋아하는 진구의 특성을 보면 공통적으로 '남'에 대한 의식이 잘못 형성되었다는 것을 알 수 있었다. 나는 진구의 잘못된 의식을 바꿔 주고자 두 가지의 생각을 하게 되었다.

첫째, 타인에 대한 지나친 경계를 허물어 줄 동료애를 길러 준다. 아이가 짜증을 내는 가장 큰 이유는 자신이 세운 목표나 과제를 원하는 대로 이루지 못했기 때문이다. 가령 아이가 물을 마시는 과정을 예로 들어 보자. 아이가 자신이 먹고자 하는 컵으로 물을 먹으려 하는데 엄마가 다른 컵에 물을 떠서 준다면 아이는 짜증을 내기 시작한다. 엄마는 "그냥 먹으면 되는 걸 왜 짜증을 내니?"라고 말하며 아이를 설득하고자 한다.

하지만 쉽게 짜증을 내는 아이들의 경우, 자신의 계획을 엄마가 망치고 나의 존재를 무시하는 것처럼 생각한다. 기질적으로 그렇게 학습되어 있는 아이들은 나 이외의 존재가 혹시라도 자신의 생각에 어긋난 행동을 하면 짜증을 내고, 서러워한다. 남에 대해 지나친 경계심을 지니고 있기 때문이다.

진구도 마찬가지였다. 하루는 수업 도중 진구가 공을 밟아 넘어졌다. 친구와의 충돌은 일어나지 않았다. 하지만 진구는 누가 자신의 다리를 걸었다며 화풀이를 하는 것이었다. 경기가 진행되던 중이었지만 잠시 중단했다.

“친구가 넘어져서 아파하고 있으면 어떻게 해야 되지?”

아이들은 진구에게 다가가 괜찮은지 묻고 일으켜 세워 주었다. 평소에 들인 습관인지라 진구가 넘어진 상황에서 자연스럽게 훈훈한 분위기가 연출되었다. 화를 내던 진구가 자리에서 일어나 다리가 아프다고 했다. 나는 진구와 잠시 앉아 얘기했다. 고맙게도 친구들이 진구에게 와서 계속 괜찮으냐고 물어보았다. 진구도 “어. 괜찮아.”라고 답했다.

“친구들이 진심으로 위로해 주니까 고맙지 않아? 수업 마칠 때 고맙다고 얘기하는 시간을 갖도록 하자.”

경기가 종료되었고 다 같이 동그랗게 앉아 오늘 수업에 대한 피드백을 했다. 그리고 진구에게 말할 시간을 부여했다. 쭈뼛쭈뼛하는 진구에게 내 말을 따라 하도록 시켰다.

“고마워. 아까 걱정해 줘서.”

“세상엔 너를 걱정해 주고 진심으로 생각해 주는 사람들이 많아, 진구야. 오늘처럼 넘어졌을 때 널 일으켜 주는 친구들이 있다는 걸 기억해.”

그날따라 유난히 진구의 표정이 쑥스러워 보였다. 자신을 넘어뜨렸다고 생각하던 친구들의 존재가 넘어진 나를 다시 일으켜 준 존재임을 느꼈기 때문이 아닐까?

둘째, 나의 행동을 '우리'의 관점에서 다시 돌아볼 수 있는 기회를 만들어 준다. 이후에도 진구의 짜증 내는 습관은 완전히 바뀌진 않았다. 다만 친구들이 넘어졌을 때 진구도 함께 위로하고 걱정하기 시작했다. 진구가 짜증이 났을 때는 싸움으로 이어지지 않는 선에서 감정표현을 하도록 놔두었다.

나는 초창기부터 부모들이 아이의 운동에 큰 관심을 가질 수 있도록 수업 영상을 촬영하곤 했다. 하루는 진구가 우리 팀이 가진 공을 빼앗아 가는 과정에서 친구와 부딪치게 되었다. 이는 고스란히 영상에 담겼다. 수업이 끝나고 아이들에게 영상을 보여 주며 누가 잘못한 것 같으냐고 물었다.

아이들은 당연히 진구라고 답했다. 하지만 나는 모두의 잘못이라고 했다. 우리는 한 팀인데 이렇게 가까이 붙어 있으면 충돌이 일어날 수밖에 없다고 말이다. 그래서 축구선수들은 공을 잡으면 축구장 전체를 넓게 쓰는 것이라며 움직임에 대한 교육도 해 주었다.

진구를 포함한 우리의 잘못으로 인정한 다음부터 경기 중에 같은 팀끼리 싸우는 일은 눈에 띄게 줄었다. 그리고 경기가 끝나면 서로에게 수고했다고 말하는 시간을 가졌다.

진구는 조금씩 계속 나아지고 있다. 늘 짜증과 신경질을 내는 아이에게는 팀 운동이 최고의 처방전일 것이다. 운동을 하면서 세상은 나의 생각대로만 되는 것이 아니라는 것을 배울 수 있기 때문이다.

# 06 자주 삐치고 질투가 심한 아이

남을 가르칠 수는 없다.
단지 스스로 발견하도록 도와줄 뿐이다.
– 갈릴레오 갈릴레이

질투는 인간의 본능이다. 모든 인간은 자신이 원하는 무언가를 얻고자 살아가기 때문이다. 그 무언가의 종류가 다를 뿐이다. 소유욕이 없는 삶은 무기력해질 수밖에 없다. 이는 아이에게도 동일하게 적용된다.

성인의 경우, 물질적·정신적인 여유에 대한 욕심이 일반적이라면 아이는 관계에 대한 욕심이 많다. 욕심이 습관적으로 충족되지 못하게 될 경우 질투심으로 이어진다. 그리고 이 같은 자신의 감정을 비난받는 일이 많아지면 자존감이 낮아져 소심한 아이로 자라게 된다. 따라서 부모나 지도자는 자주 삐치고 질투가 심한 아이를 긍정적인 방향으로 인도하기 위해 질투는 인간의 본능이라는 것을 인정하고 훈육해야 한다.

여섯 살 혜성이는 같은 아파트에서 살고 있는 은찬이와 제일 친하다. 그래서 축구를 할 때면 꼭 은찬이와 같은 팀이 되고 싶다고 말한다. 한번은 여러 아이들과 함께 관계를 맺었으면 하는 바람에 다른 팀을 시켜 주었다. 은찬이와 팀이 되면 혜성이가 은찬이만 쫓아다니며 열심히 경기를 뛰지 않는다는 이유를 들어 설득했다.

경기가 시작되었고 혜성이는 골대 옆에 서서 아무것도 하지 않았다. 반면 은찬이는 그런 혜성이의 마음과는 달리 열심히 경기에 임했다. 혜성이가 은찬이에게 많이 의지하고 있음을 눈치챈 나는 둘의 관계에 대해 좀 더 자세히 알고 싶었다. 혜성이의 엄마에게 담당 코치로서 전화를 걸었다.

혜성이의 엄마는 은찬이가 키가 커서 형이 없는 혜성이가 형처럼 의지한다고 말해 주었다. 외동아들인 혜성이는 놀이터에서 늘 혼자 놀았다고 한다. 그런데 은찬이를 만났던 것이다. 혜성이에게 친구를 사귀게 해 주고 싶었던 엄마는 둘의 관계를 돈독하게 해 주기 위해 거의 매일 함께한다고 했다. 그러면서 이런 말도 해 주었다. 혜성이가 은찬이의 동생을 질투한다고 말이다. 은찬이의 동생이 네 살이 되어 요즘 함께 노는데 마치 자신의 하나뿐인 친구를 동생에게 빼앗긴 것처럼 느끼고 있다는 것이다.

얘기를 듣다 보니 혜성이는 누군가에게 의지하는 관계에 익숙했다. 늦둥이로 태어난 외동아들인지라 엄마나 아빠가 아이에게 스스로 문제를 해결하는 기회를 자주 부여하지 않았다. 미끄럼틀을 탈 때도 또래 아이들이라면 충분히 타고 노는 높이임에도 혜성이에게 타지 말라고 했다는 말을 듣고 확신을 가졌다. 사실 혜성이의 운동 신경은 뛰어난 편이다. 은찬이에게 의지하지 않아도 충분한 좋은 운동 능력을 가졌다.

혜성이의 마음을 어떻게 바꾸어 줄 수 있을지 고민하던 찰나 은찬이가 감기에 걸려 축구 수업을 듣지 못하는 상황이 발생했다. 나는 혜성이가 다른 아이들과도 친한 친구가 될 수 있는 기회라는 생각이 들었다. 은찬이가 없어 의기소침한 모습으로 수업에 임하는 혜성이를 위해 평소 본인이 좋아하는 1:1 꼬리잡기 게임으로 준비 운동을 했다. 나는 혜성이가 승리할 때마다 하이파이브를 해 주며 기분 좋게 수업으로 이끌고자 노력했다.

그 결과, 혜성이는 미니 게임을 할 때도 은찬이가 없었기 때문에 팀 편성에 크게 연연하지 않았다. 혜성이는 골도 넣었다. 그날은 특별히 골을 넣은 친구들을 돌아가면서 인터뷰했다.

“이혜성 선수, 골 넣은 기분이 어떤가요?”

“하하하. 좋아요.”

“누가 잘해서 골을 넣은 건가요?

“내가요.”

“오늘 재미있었나요?”

“네.”

"오늘 우리 팀 친구 중에 누가 제일 좋았나요?"

"승원이랑 준서랑… 어… 민규랑…."

혜성이는 팀원 전체의 이름을 말했다. 나는 혜성이를 데리러 온 엄마에게 내 생각을 말해 주었다. 혜성이가 은찬이가 없는데도 오늘 너무 열심히 했으니 꼭 칭찬해 주시되 이 말을 꼭 해 달라고 했다.

"코치님이 오늘 혜성이가 너무 멋졌대. 그리고 아까 혜성이가 좋다고 한 친구들도 다음 시간에 또 같은 팀이 되고 싶다고 했대. 그렇게 할까?"

만약 혜성이가 이에 긍정적으로 답변했다면 다음 시간에 은찬이와 같은 팀이 아니더라도 의기소침해하지 않을 것 같았다.

드디어 다음 시간이 되었다. 나는 혜성이가 엄마의 질문에 어떤 답변을 했는지 단번에 알 수 있었다. 혜성이와 승원이, 준서, 민규가 한 팀으로 묶였고 은찬이는 상대 팀이었다. 혜성이는 전처럼 의기소침해하지 않았다. 오직 골을 넣기 위해 최선을 다하는 모습을 보일 뿐이었다.

매주 팀을 바꿔 진행했음에도 은찬이에 대한 혜성이의 집착이 사라지고 있는 것이 눈에 보였다. 여담이지만 둘의 관계는 지금도 각별하다. 어쩌면 혜성이에게 나를 도와주고 관심을 보여 주는 친구가 있었으면 좋겠다는 욕구가 강했던 것 같다. 이제는 스스로 관계를 맺는 능력이 생겼지만 말이다.

자주 삐치고 질투가 많은 아이들에게는 두 가지 목적을 가지고 코칭해야 한다.

첫째, 질투로 이어지는 결핍의 주제를 찾도록 한다. 애정결핍 아동에게 최고의 약은 '사랑'이라고 한다. 자기 자신에 대한 사랑, 주변에서 주는 사랑 두 가지로 인해 애정결핍이 극복될 수 있다고 한다. 아이가 질투하는 것은 자신의 욕구에 결핍이 있기 때문이다. 그리고 그 주제만 잘 파악하면 문제를 빠르게 해결할 수 있다. 앞의 사례에서 언급한 혜성이는 '나에게 관심을 가져 주는 친구의 존재'가 주제였다. 때문에 혜성이와 같은 팀이 되고 싶다는 친구들의 말을 들었을 때 결핍이 극복된 것이다.

둘째, 자존감을 높여 준다. 관계에 대한 질투가 심한 아이는 자신의 존재에 대한 확고한 믿음이 없기 때문에 의지할 만한 상대에게 집착한다. 어린아이가 동생이 태어나면 애착관계를 형성한 엄마를 향해 질투심이 강해지는 것은 이런 이유에서 비롯된다. 아직 엄마의 사랑과 도움을 받아야 할 때라고 생각하는 아이의 입장에서 동생은 자신이 받아야 될 것을 빼앗는 존재라고 느끼는 것이다. 이러한 마음을 지닌 아이에게 가장 필요한 것은 자존감이다.

아이가 질투를 많이 한다고 해도 그 행위를 부정하지 않아야 한다. 질투를 인정해 주고 아이의 자존감을 높여 주면서 스스로에 대한 믿음을 강하게 만들어 주도록 하자. 그러면 아이는 자라난 자존감으로 인해 자신의 욕구를 충족하기 위해 해야 하는 노력이 무엇인지 스스로 깨닫게 될 것이다.

07

# 항상 징징거리고 자주 우는 아이

내 마음속에 공허감이 있다면 그것은 어떤 것을 찾고 있다는 증거다.
- 블레즈 파스칼

키즈 카페나 유치원, 어린이집 등 아이들이 모여 있는 곳에 가면 종종 우는 아이들의 모습을 볼 수 있다. 쉽게 울음을 그치고 스스로 해결하는 아이가 있는 반면, 아무리 설득해도 그치지 않는 아이도 있다. 엄마는 주변의 눈치를 보기 시작하고 그들에게 미안한 마음을 보여 주려는 듯 아이를 다그치기 시작한다. 엄마와 아이의 싸움은 결국 감정 낭비로 이어진다. 이런 상황이 잦아지면 엄마는 아이와 밖에 나가는 것이 두려워진다.

징징거리고 자주 우는 행동은 관심과 애정에 대한 욕구 충족이 안 될 때 나타난다. 기질적인 부분도 있지만 주변 환경을 수정하면서 지혜롭게 훈육하면 바꿀 수 있다는 것을 육아를 하면서 알게 되었다. 이 절에서는 운동 지도법보다는 내 아들의 사례를 통해 관심받고 싶어 징징대거나 자주 우는 아이의 욕구를 해소하는 방법을 말하고자 한다.

나에게는 아들이 둘 있다. 첫째 창민이와 둘째 창우는 자주 다투기도 하지만 밖에 나가면 가장 친한 친구이기도 하다. 창우가 18개월이 지날 무렵이었다. 그 시기 아이들이 보이는 공통적인 특성이라고는 하나 부쩍 떼가 늘었다. 아내는 그걸 달래느라 창민이에게 소홀해졌다며 미안하다고 했다.

정확한 의사표현을 할 수 있는 연령이라면 타협이라도 해 보겠지만 일단 울음부터 그치게 하려면 창우가 원하는 것을 찾아 들어줄 수밖에 없다. 이를 본 창민이도 창우가 하는 방식을 따라 하며 징징거리는 횟수가 많아지고 있었다.

아내의 스트레스가 점점 커져 가는 게 느껴졌다. 나는 내가 어떤 역할을 할 수 있을지 고민했다. 이는 아이를 둘 이상 키우는 가정에서는 누구나 겪는 과정일 테다. 지혜로운 육아를 위해 현재 창민이의 마음 상태를 추측했다. 아이는 누구나 관심받고 싶어 한다. 그리고 관심받는 방법을 스스로 터득하기 위해 주변의 환경을 관찰한다. 창우가 떼를 쓰면 엄마가 안고 달래는 모습을 본 창민이는 같은 방법으로 관심을 유도하기 시작했다. 나는 그 모습을 보고 아빠인 내가 창민이의 욕구를 해소시켜 주어야겠다고 생각했다.

함께 밥을 먹을 때면 일부러 창민이를 내 옆에 앉혔다. 바쁘지 않은 주말에는 둘만의 시간을 늘렸다. 창민이에게서 점수를 따는 과정이 필요했다. 아빠의 관심만으로도 창우에게 빼앗겼다고 느끼는 자신의 욕구가 충족될 수 있을 테니 말이다.

대화를 많이 나누고 싶었다. 부쩍 공룡에 빠져 있는 창민이와 즐겁게 대화하기 위해서는 공룡에 대한 지식이 필요했다. 공룡의 이름을 외우기 위해 출퇴근길에 운전을 하면서 '핑크퐁 공룡노래 모음'을 음악 재생 목록에 추가해 시간이 날 때마다 듣곤 했다. 공룡에 대한 정보가 많아진 후 창민이는 나와 대화하는 것을 즐거워했다.

이 과정에서 가장 많이 한 방법은 '질문하기'였다. 많은 육아 전문가가 이상적으로 대화하는 방법을 논할 때 공통적으로 추천하는 방법이다. '해라'가 아닌 '할까?'의 형태로 대화하게 되면 아이에게는 생각하고 선택할 수 있는 기회가 주어진다. 능동적으로 의사표현을 하는 습관을 기르게 됨으로써 훈육도 한결 편해진다.

하루는 창민이에게 물었다.

"창민이는 아빠랑 노는 게 좋아?"

"응. 아빠랑 놀면 재미있어. 축구도 하고 수영장도 가서 좋아."

아빠의 가장 중요한 역할은 엄마가 해 줄 수 없는 놀이를 해 주는 것이다. 신체활동이 대표적인 예다. 남녀의 신체적 특성상 남자는 여자보다 근육량이 많아 아빠가 신체활동을 담당하는 것이 서로 지치지 않는 육아를 하는 비법이다. 아이의 관심사를 알고 있다면 신체활동과 이를 결합한 놀이를 만들어 내는 것도 좋다.

내가 창민이와 함께 만든 가장 대표적인 놀이는 '초식 공룡 구하기 놀이'다. 육식 공룡 모형을 여러 개 세워 놓고 그것들을 피해서 가장 먼 곳에 세워 놓은 초식 공룡을 구하는 방식이다. 그런데 이는 사실 축구 수업 시간에 하는 드리블 훈련과 동일하다. 초식 공룡을 구하기 위해서는 공과 함께 움직여야 한다는 규칙을 부여했기 때문이다.

훈련용 콘 대신 육식 공룡 모형을 두었고, 골대를 향해 슛하는 대신 초식 공룡을 집어 들면 성공이다. 공을 손으로 만지거나 육식 공룡과 부딪칠 때는 초식 공룡이 죽는 소리를 내며 실패했음을 알려 주었다.

창민이는 초식 공룡을 진심으로 구출하고자 하는 마음을 갖고 놀이에 임했다. 아빠가 아이에게 전해 주고 싶은 철학이 있다면 아이의 관심사와 신체활동을 결합해 놀이를 개발할 것을 추천한다. 그러면 아이는 즐겁게 놀면서도 깨닫는 것이 생긴다. 초식 공룡 구하기 놀이의 경우 자연스럽게 축구 기술인 드리블을 익히고 원하는 바를 이루기 위해서는 규칙을 지켜야 한다는 숨은 뜻을 이해해야 하기 때문이다.

우리 집에는 장난감이 많다. 아이가 둘인지라 둘의 취향을 고려해서 장난감을 구입하다 보니 기하급수적으로 늘어났다. 그래서 아내에게 소중한 것을 얻기 위해서는 노력하는 과정이 수반되어야 함을 아이들에게 알려 주자고 했다. 모든 부모는 아이에게 해 주고 싶은 게 많다. 자신의 부모에게 받은 사랑 이상의 것을 해 주고 싶어 하는 경우도 많다. 그러다 보니 자녀에게 집착하게 되고 훈육에 일관성이 없어지는 것이다.

육아에는 원칙이 있어야 한다. 원칙은 일관성 있는 훈육을 하는 데 있어 가장 중요한 조건이기 때문이다. 일관성 있는 훈육을 하게 되면 아이가 곧은 생각을 지니게 된다. 스스로 옳고 그름을 판단할 수 있는 능력을 갖추게 되는 셈이다.

나는 다음과 같이 원칙을 정리해서 일관성 있게 적용하고 있다. 장난감을 사 주는 것을 예로 들어 보겠다.

우선 장난감 매장을 지나가며 아이가 갖고 싶은 장난감이 무엇인지 확인한다. 하지만 그 당시에는 사 주지 않는다. 아이가 변했으면 하는 행동을 과제로 준다. 동시에 과제를 수행하면 장난감을 사 주기로 약속한다. 여기서 과제는 여러 가지를 부여하면 안 된다. 한 번에 하나씩만 주어야 아이가 지킬 수 있다. 예를 들면 밥을 다 먹을 때까지 일어나지 않기, 차에 타면 꼭 카시트에 앉기, 자기 전에 책을 2권 읽어 주면 자려고 노력하기 등이다. 또한 과제에 기한을 주어야 한다. 아이가 약속을 지키고 싶게 하려면 보상의 주기도 일정해야 한다. 나의 경우는 일주일 정도의 기간을 갖는다. 과제를 수행하려고 노력하는 모습이 보이면 과제 수행 기간

내내 보상에 대해 인지시켜 준다.

"밥을 이렇게 앉아서 잘 먹으니까 이번 주에 공룡 메카드 장난감 꼭 받을 수 있겠네?"

아이가 노력하는 것을 확인했다면 아빠로서 약속을 꼭 지킨다.

창민이는 아빠와 둘이 장을 보러 갈 때 장난감 매장 앞에서 떼를 쓰거나 운 적이 없다. 오히려 약속을 만들어 내려고 한다.

"아빠. 나 이번 주에 유치원에서 한 번도 안 울었다고 칭찬받을 테니까 아이스크림 가게 장난감 사 주면 어떨까?"

원칙이 있는 아빠인지라 창민이의 입장에서는 까다로울 수도 있었을 것이다. 하지만 아빠가 좋다고 한다. 바쁜 업무로 인해 자주 놀아 주지 못하는 시기가 오면 아빠가 보고 싶다며 아빠 꿈을 꾸고 싶다고 한다.

징징거리며 자주 울던 시기도 있었지만 요즘은 창민이에게서 그런 모습이 보이지 않는다. 적당한 시기에 자신에게 보여 준 적극적인 관심과 '놀 땐 확실하고 즐겁게, 가르칠 땐 일관성 있게'라는 원칙을 세운 결과라고 믿는다. 게다가 요즘은 능동적인 의사표현과 동시에 아이의 인성이 점차 나아지고 있음을 느낀다. 얼마 전 유치원 담임교사에게서 자기주도적인 놀이를 즐기는 아이라는 말을 들었다. 앞으로 놀이뿐만이 아니라 자신의 삶을 스스로 이끌어 갈 멋진 어른으로 성장하길 바란다.

# 08 경쟁심이 심한 아이

상대에게 맞추려면 가장 먼저 상대가 나와 다르다는 것을 인정해야 한다.
– 법정 스님

2014년 브라질 월드컵 포르투갈 vs 독일 전. 죽음의 조에서 1,2위를 다툴 것이라 예상되었던 두 팀의 경기는 경기 시작 전부터 전 세계 축구팬들의 큰 관심거리였다. 선제골을 넣은 독일과 분위기를 바꾸려는 포르투갈이 팽팽하게 맞서던 전반 37분. 예상치 못한 상황이 발생했다.

경합 과정 중 포르투갈의 수비수 페페가 독일의 공격수 뮐러에게 박치기를 가하며 자신의 분노를 표출했던 것이다. 심판은 페페에게 퇴장을 명령했다. 팀의 핵심 수비수의 이탈로 인해 불안한 경기력을 보이던 포르투갈은 결국 4:0으로 대패했다. 예상치 못한 팀의 패배에 경기가 끝난 후 서러운 눈물을 흘리는 포르투갈의 간판 공격수 호날두의 모습이 화면에 포착되었다.

당시 페페의 행동은 전 세계 축구인들에게서 비난을 받았다. 그리고 운동 경기 중 잘못된 승부욕이 가져오는 나비효과를 논할 때 빠짐없이 등장하는 단골손님이 되었다. 운동선수들은 경기 중 자신의 순간적인 감정을 참지 못해 실수를 저지를 때가 있다. 승리를 위해 최선을 다하는 것은 좋지만 이처럼 지나친 승부욕은 경기를 망치는 요인이 되기도 한다.

그래서 아이에게 운동을 지도할 때 가장 신경을 써서 교육해야 하는 부분이 바로 경쟁심이다. 경쟁심은 운동을 하는 데 있어 득이 될 수도 있고 실이 될 수도 있다.

기질적으로 경쟁심이 지나친 아이는 승리에 대한 욕구가 너무 강해 패배했을 때 가슴에 화가 쌓인다. 그렇다고 경쟁심을 없애는 것은 좋은 방법이 아니다. 근성이 강한 아이가 그렇지 않은 경우보다 운동을 가르치는 것이 수월하기 때문이다.

나는 지난 시간 아이가 가진 강한 경쟁심을 잘 이용하는 방법에 대해 연구했다. 연구 결과 다음과 같은 코칭이 효과적임을 느낄 수 있었다.

### 운동에 대한 이론적인 숙지가 필요하다

아이는 태어나서 지금까지 부모가 모든 것을 맞춰 주는 나 중심의 삶을 살았을 것이다. "우리 아들이 최고야." "○○보다 우리 아들이 훨씬 잘해." 등 무의식적으로 비교 우위가 각인된 아이는 패배를 받아들일 수 없다. 하지만 운동에는 승리와 패배가 분명히 존재한다. 그러니 아이에게 패배할 수도 있다는 것을 현실적으로 인식시켜야 한다. 그러기 위해 운동을 이론적으로 해부했다.

가령 축구 경기를 예로 들어 보자. 경기가 성립되기 위한 요소에는 우리 팀과 상대 팀 그리고 하나의 공이 존재한다. 나 중심의 삶을 운동에 적용하는 것이 아니라 운동이 가진 특성에 나를 대입하게 되면 아이 역시 운동 경기를 이루는 하나의 요소가 되는 것이다.

경기에 져서 울고 있는 아이에게 이를 알려 주는 것은 시기적으로 적절하지 않다. 이미 화가 쌓였기 때문에 들으려고 하지 않는다. 아이에게 패배의 의미를 알려 주고 싶은가. 그러면 운동을 시작할 때 아이 스스로가 경기를 이루는 요소임을 분명히 알려 줄 필요가 있다.

### 상대를 존중하는 법을 배워야 한다

상대방의 존재가 경기를 구성하는 요소라는 것을 숙지시킨다. 그런 다음 상대도 나처럼 최선을 다해 이기려는 마음으로 경기에 임한다는 것을 알려 주어야 한다.

2018 평창 동계올림픽에서 이상화 선수가 일본의 고다이라 선수에게 아쉽게 패해 은메달을 목에 걸었다. 경기가 끝난 후 아쉬움과 후련함이 섞인 눈물을 흘리고 있는 이상화 선수에게 고다이

라 선수가 다가가 이렇게 말한다. "잘했어. 난 당신을 진심으로 존경하고 있어."라고 말이다. 고다이라 선수의 행동은 건강한 경쟁이란 무엇인지 단적으로 보여 주는 예다.

일곱 살 선규는 경쟁심이 강해 친구들과 트러블이 잦다. 반칙을 자주 하고, 자신이 지면 엉뚱한 친구에게 화풀이를 하는 경우도 있다. 하루는 수업시간보다 20분 정도 선규가 일찍 도착해 내게 1:1 게임을 하자고 제의했다. 그때 문득 이런 생각이 들었다. '티가 나도록 져 주면 선규가 재미없어하지 않을까?'

나는 골대 바로 앞에서도 골을 넣지 않았고 공을 잡으면 넘어지며 선규에게 다 뺏겨 주었다. 그러자 선규가 "봐 주지 마요. 재미없어요."라고 했다. 나는 끝까지 선규에게 져 주었다. 수업이 시작되었다. 아이들이 가장 좋아하는 미니 게임을 하기 위해 조끼를 나눠 주며 질문했다.

"미니 게임이 재미있는 이유가 뭘까?"

아이들은 대답하기 어려워하는 눈치였다. 재미는 있는데 이유를 말하라니 당연히 어려웠을 것이다. 나는 말했다.

"양 팀이 골을 넣으려고 최선을 다하기 때문이야."

그리고 선규에게 또 하나 물었다.

"코치님이 아까 최선을 다하지 않으니까 선규는 어땠어?"

"재미없었어요."

"선규를 재미있게 해 주는 사람이 좋지? 경기에 져도 상대 팀 친구가 최선을 다했으니까 싫어하지 말자. 알겠지?"

선규는 내 말을 이해한 듯했다. 적어도 미니 게임에서 패배했을 때만큼은 화를 내지 않았다. 경쟁하는 상대방이 최선을 다해 줬기 때문에 자신이 재미있게 경기에 임할 수 있었다는 것을 깨달은 것이다.

건강한 경쟁이란 상대방의 장점을 인정하고 그를 통해 나의 단점을 보완하며 서로의 실력이 향상되게 하는 것이다. 고다이라 선수는 이상화 선수에게 밀려 매번 은메달에 그쳤지만, 그녀를 연구하며 도전하는 자세로 최선을 다했을 것이다. 그러곤 자신의 건강한 경쟁 상대가 되어 준 이상화 선수에게 진심으로 고마운 마음을 표현한 것이다. 이렇게 상대방을 존중하는 것이 우선되어야 승리해도 아름답고 패배해도 멋지다는 인식을 아이에게 심어 주도록 하자.

### 진정한 승리란 무엇인지 알게 한다

2014년 3월 10일 독일 분데스리가 베르더 브레멘과 뉘른베르크의 경기에서 있었던 일이다. 베르더 브레멘의 아론 훈트 선수가 수비수의 발에 걸려 넘어졌고 심판은 페널티킥을 선언했다. 잠시 후 훈트 선수의 행동은 전 세계의 주목을 받았다. 심판에게 손을 흔들며 시뮬레이션(반칙을 유도하기 위해 넘어지는 척하는 것)이었다며 페널티킥이 아니라고 인정한 것이다. 그리고 상대 팀 선수들이 그에게 엄지를 치켜드는 장면이 카메라에 잡혔다.

모든 운동에는 규칙이 존재한다. 규칙을 잘 지키는 것은 정직한 사회구성원이 되기 위해 어릴 때부터 길러 주어야 할 습관이다. 어린아이들은 축구가 발로 하는 운동임에도 신체 조정 능력이 발달하지 않아 손이 먼저 나간다.

이런 아이들에게 "축구는 발로 하는 것이다."라고 매번 이야기해 봤자 잘 지켜지지 않는다. 그래서 나는 칭찬 카드 제도를 도입했다. 그날의 규칙을 정한다. 예를 들어, '공을 손으로 잡지 않기'라는 규칙을 세워 두고 수업이 끝날 때까지 규칙을 제일 잘 지킨 친구에게만 칭찬 카드를 주는 방법이다.

경쟁심이 심한 아이들은 보통 규칙을 지키지 않고 이기는 데만 집중한다. 하지만 이기는 것보다 더 좋아하는 것이 '보상'이다. 이겨도 보상이 없는데 규칙을 잘 지킬 경우 보상이 있다면 아이들은 규칙을 잘 지키는 것을 선택하게 될 것이라고 생각했다. 이런 생각은 적중했다. 아이들이 규칙을 지키는 것의 중요성을 스스로 깨닫고 변화하기 시작했기 때문이다.

### 패배가 배움의 기회라고 여길 수 있도록 한다

일곱 살 인혁이는 다른 아이들보다 힘이 세다. 그래서 공을 잡으면 우리 팀과 골대를 보지도 않고 세게 차는 습관이 있다. 이기기 위해서는 골이 중요하다는 집념이 있다. 그러다 보니 드리블과 패스 등 축구에 필요한 기술보다는 슛만 하려는 것이다. 지는 것을 싫어하다 보니 이런 습관이 쉽게 고쳐지지 않았다.

어느 날 슈팅 없는 1:1 게임을 진행했다. '골'의 개념이 슈팅으로 골대에 차 넣는 것이 아니라 정해 놓은 구역에 자신과 공이 함께 들어가야 득점으로 인정되는 형식이다. 인혁이는 어려움을 겪었다. 드리블을 잘하는 친구를 상대할 때는 공을 뺏기에만 급급했다. 결국 패배했다. 눈물을 보이는 인혁이에게 나는 말했다.

"인혁이 지금 너무 잘하고 있어. 수비는 그렇게 하는 거야. 진짜 너무 좋았어. 그런데 공격할 때 조금 아쉽다. 공이랑 계속 멀어지잖아. 공이랑 멀어지지 않는 연습을 하면 분명 이길 수 있을 거야. 파이팅."

### 패배를 배움으로 바꾸는 대화 순서

1. 노력을 칭찬한다.
2. 패배의 원인을 말해 준다.
3. 해결책을 제시한다.
4. 진심으로 응원한다.

물론 이기면 좋다. 하지만 졌을 경우, 아이가 느끼는 감정에 미치는 영향에는 주변 환경도 큰 몫을 한다. 패배를 받아들이게 하되, 패배의 원인을 함께 분석하는 습관을 기르도록 하자. 패배를 면밀히 분석함으로써 아이가 자신이 발전하기 위해 필요한 경험으로 받아들이게 하는 것이다.

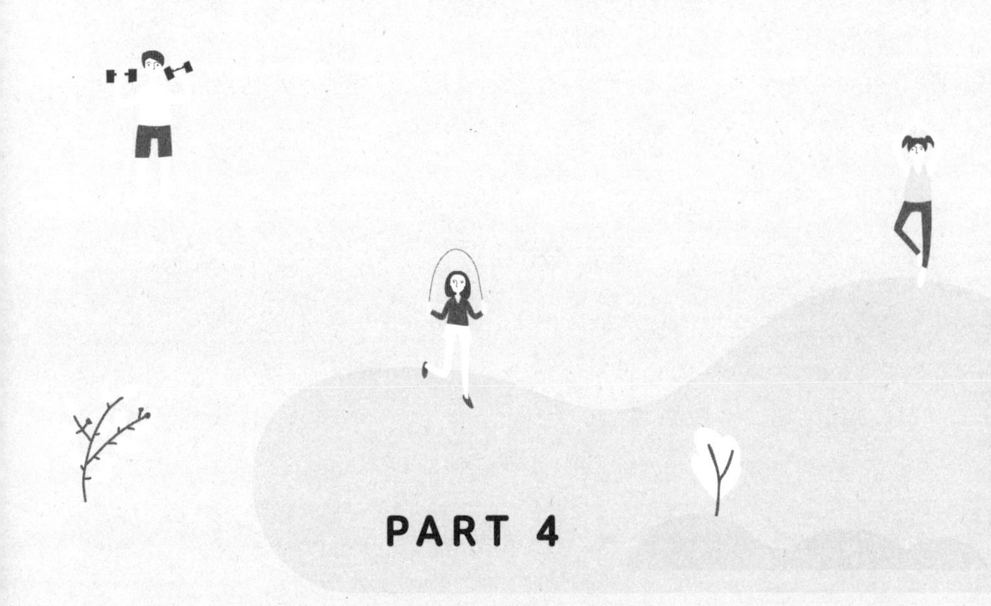

PART 4

# 아이의 회복탄력성을 키우는 8가지 운동

01

# 야구: '함께'의 의미를 알려 주는 운동

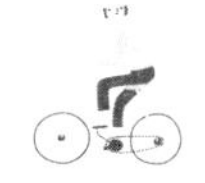

자신의 능력을 믿어야 한다. 그리고 끝까지 굳세게 밀고 나가라.

– 로잘린 카터

중국에서 유래한 '소황제(小皇帝)'라는 신조어가 있다. 과보호 성향을 가진 부모의 밑에서 자라 단체생활에 적응하지 못하고 성인이 되어도 상대적으로 의지와 노동력이 떨어지는 외동아이를 일컫는 사회적 용어다. 부모가 자녀를 과보호한다는 것의 기준은 무엇인가?

첫째, 또래집단을 포함한 단체생활에 부모가 과잉 개입한다. 외동의 경우, 사회적 자의식(남이 보는 자신)을 갖추는 데 있어 부모에게 전적으로 의지하게 되면 스스로 단체생활에 적응하는 능력이 감소한다.

둘째, 일방적인 의사소통을 허용한다. 모든 상황이 자녀가 원하는 대로 진행된다. 이럴 경우 상대방의 감정을 배려하는 방법을 알지 못하기 때문에 아이는 관계를 맺는 데 어려움을 겪는다. 이렇게 자란 사람의 경우 단체생활에서 함께 먹는 메뉴를 선정하는 데서부터 여행지를 결정하는 데도 자신이 원하는 대로만 해야 한다. 결국 사람들은 일방적인 의사결정에 지쳐 그에게 등을 돌리고 만다.

나 역시 외동으로 자랐기 때문에 과보호의 대상일 수도 있었지만 그렇지 않았다. 부모님은 내게 단체생활을 많이 경험하게 해 주었다. 그리고 남을 생각하는 마음의 중요성을 늘 강조했다.

그리고 야구는 모든 일이 내가 원하는 대로 이루어질 수 없음을 알려 준 운동이자 스승이었다. 모든 팀 운동이 마찬가지겠지만 야구는 나의 실책이 팀원의 심리에 미치는 영향이 가장 큰 운동이다. 축구나 농구와 다르게 아주 사소한 실수마저도 쉽게 점수로 연결되기 때문이다.

초등학교 3학년 연습 경기 때의 일이었다. 우리 팀의 새로운 친구가 첫 연습 경기에 출전하게 되었다. 나는 그 친구를 잘 이끌어 팀에 잘 적응할 수 있도록 도우라는 감독님의 특별 지시를 받았다. 하지만 우리 팀 특유의 진지했던 분위기는 충분히 그 친구의 긴장을 유발할 만한 요소였다. 초등학생 경기에서는 그리 어려운 공이 많이 가지 않는 우익수 위치였던 그 친구는 경기 전 자신한테 공이 안 왔으면 좋겠다고 말했다.

경기가 시작되었고 1회 우리 팀은 수비를 했다. 첫 타자가 땅볼 안타를 쳤다. 공교롭게도 우익수 위치로 공이 굴렀다. 천천히 굴러오는 공인데 그 친구가 제대로 잡지 못했다. 평범한 1루타였는데 자신의 실책에 당황한 나머지 친구는 공을 던지지 않았다. 타자는 그 틈을 타 2루로 뛰려고 했다. 나는 "세컨! 세컨!"이라고 크게 외쳤다. 2루로 던지라는 뜻이었다. 그런데 공을 포수인 내 방향으로 던지는 것이었다. 결국 첫 타자에게 2루타를 허용하게 되었다. 순간 형들이 그 친구를 매섭게 째려보았다. 해서는 안 될 실수라는 표정들이었다.

안 되겠다 싶었는지 코치가 2루수 형에게 뒤로 다섯 발 정도를 가라고 했다. 그렇게 되면 땅볼은 우익수인 그 친구보다 2루수에게 갈 확률이 높다. 실제 프로 야구에서도 수비 시프트라는 개념이 있다. 타자의 공이 주로 가는 위치로 수비수들의 위치를 조금씩 변경하는 전술이다.

우여곡절 끝에 1회를 마친 후 친구에게 말했다.

"2루수 형이 많이 도와줄 거니까 긴장하지 마. 그리고 내가 크게 말한 건 네가 안 들릴까 봐 그런 거야."

포수는 수비의 진행을 가장 넓은 시야로 볼 수 있다. 그래서 빠른 상황 판단 뒤에 수비 지시를 내려 주는 경우가 있는데 1회의 경우가 그랬다.

친구는 긴장이 풀리지 않은 듯했다. 다음 이닝이 시작되는 시점에 다리가 아프다며 못 뛰겠다고 했다. 하지만 프로 구단이 아니기 때문에 후보 선수가 없었던 터라 한 명이 빠지면 기권을 해야 하는 상황이었다.

나는 친구를 설득했다. 그런 실수는 나도 했었고 형들도 다 했었으니까 아무것도 아니라고. 타격을 잘하던 친구였기 때문에 공격에서 만회해 주길 속으로 바라고 있었다.

다행히 우리 팀의 타격 컨디션이 좋았다. 투수였던 형은 1번 타자에 나서 아웃되었다. 1회에서 많은 공을 던졌기 때문에 힘겨워하는 모습이 눈에 보였다. 그 형을 조금 쉬게 해 주려면 우리 타자들이 오랜 시간 공격하는 수밖에 없었다.

2번 타자인 형이 공을 치지 않고 볼 넷으로 1루에 출루했다. 나 역시 안타를 쳤고 5번 타자였던 친구의 차례가 되었다. 친구는 깨끗한 안타를 때렸다. 우리 팀의 득점으로 인해 나도 기뻤지만 2루수를 보던 형이 누구보다 기뻐했다. 사실 그 형은 과거 연습 경기 중 실수를 많이 해서 감독, 코치에게 많이 혼났던 형이었다.

이닝이 종료된 후 2루수 형이 친구에게 와서 1회 때 한 실수를 신경 쓰지 말라고 했다. 그러면서 자신이 저질렀던 실책과 그로 인해 팀이 패배했던 에피소드를 말해 주었다. 친구는 용기를 얻은 듯했다. 3회까지 아프다는 말 없이 경기를 잘 마무리했다. 그날 집에 가는 버스 안에서 친구는 다음 경기 때는 오늘보다 잘할 수 있을 것 같다고 말했다.

야구 경기를 보면 팀의 실책에 대비해 자신의 위치가 아닌 곳으로 뛰어가는 선수들을 볼 수 있다. 모든 팀원이 하나가 되어 한 선수의 실책을 작게 만들어 주는 모습은 야구가 지닌 최고의 묘미다. 수비에서 한 실수를 공격에서 만회할 수 있는 기회가 주어지는 것 역시 마찬가지다.

만약 다리가 아프다고 기권했다면 친구는 안타를 치지 못했을 것이다. 또한 2루수 형의 기쁨을 느끼지 못했을 것이다. 수비 실책을 줄여 주기 위해 다섯 발 뒤로 간 그 형의, 자신을 도와주고자 했던 마음을 알 수 없었을 테다.

초등학교 때 학교에서 가장 축구를 잘하던 친구가 혼자서 상대 팀을 다 제치고 골을 넣는 장면을 본 적이 있다. 하지만 야구는 그럴 수 없다. 야구를 하다 보면 나 혼자서는 절대 점수를 낼 수 없다는 것을 냉정하게 깨닫게 된다. 그렇기 때문에 매 순간 팀원들의 감정과 표정에 신경을 쓰게 된다.

아이들은 또래집단에 의해 사회성이 형성된다고 했다. 어떤 또래집단을 만나게 될지 스스로 선택할 수 있다면 좋겠지만 그건 불가능한 일이다. 각기 다른 환경에서 자란 아이들이 우연히 만나 서로를 알아 가며 관계를 맺는 것이 현실이다.

얼마 전 초등학교 교사인 친구가 6학년을 맡게 되었다고 했다. 그러면서 어떤 성격의 반일지 궁금하다고 말했다. 처음에는 이해가 가지 않았다. 반에 성격이 있다고? 하지만 친구가 표현한 성격이라는 단어를 분위기로 바꾸어 보니 이해가 되었다. 모든 장소에는 특유의 분위기가 있고 사람 한 명에 의해서도 그 분위기가 달라질 수 있다는 것을 느끼며 자랐기 때문이다.

친구들과 어떤 에너지를 주고받으며 관계를 형성하느냐에 따라 나의 학창시절 반 분위기도 달라졌다. 긍정의 에너지를 주고받았던 고등학교 2학년 때는 엔도르핀이 넘치는 일상을 공유했다. 하지만 서로 시기하고 질투하던 중학교 2학년 때는 잦은 충돌과 스트레스가 많았다.

살다 보면 나와는 정말 맞지 않는 사람과도 관계를 잘 맺어야 하는 경우가 있다. 사회생활을 하다 보면 유독 그런 경우가 많다. 현명한 사회의 구성원이 되기 위해서는 상대방이 나와 맞지 않는다는 판단 하에 관계를 거부하기보다 상대방에게 맞추어 나를 조율하는 습관을 들여야 한다. 그러기 위해서는 상대방의 감정과 표정을 이해하려고 노력해야 한다. 이런 능력은 리더가 갖춰야 할 첫 번째 덕목이기도 하다.

야구는 우리 팀의 감정을 긍정적으로 만들어 주기 위해 어떤 노력을 해야 하는지 알려 주는 운동이다. 팀의 승리를 위해서는 그러한 노력이 필요하다는 것을 자연스럽게 인지하게 된다.

지속적인 감정 연습을 통해 어떤 관계나 상황에서도 상대방의 감정을 이해하려고 노력하는 나를 발견할 수 있었다. 학교와 군대, 직장을 거치며 나의 이런 모습은 주변의 동료들과 함께 위기를 극복하는 데 커다란 힘이 되었다. 함께한다는 것의 의미를 배우는 것은 세상을 살아가는 데 있어 가장 필요한 교육임을 강조하고 싶다.

# 02 축구: 배려심과 협동심을 키워 주는 운동

다른 사람 위에 있고자 하는 사람은 그 아래에 있어야 하고,
다른 사람 앞에 서고자 하는 사람은 그 사람 뒤에 서야 하는 법이다.
– 노자

승패를 겨루는 모든 운동에는 이변이 존재한다. 객관적인 수치에서 열세인 팀이 상대 팀에게 승리할 때 이변이라는 단어를 쓰게 된다. 세계에서 가장 많은 이변이 발생하는 종목이 바로 축구다. 객관적인 지표보다 상대방에게 맞서는 전략과 팀워크가 승패를 결정하는 가장 큰 요인이기 때문이다. 2002년 한일월드컵에서 4강의 신화를 만들어 낸 우리나라가 대표적인 예다.

축구는 팀 전체가 유기적으로 움직이며 패스 과정을 여러 번 거쳐야 골을 만들어 낼 수 있는 종목이다. 그리고 패스는 팀원의 필수적인 상호작용이자 조직력을 상징하는 기술이다.

나는 아이들을 지도하며 축구를 하면 정서 지능이 발달된다는 사람들의 주장을 보다 구체적으로 증명할 수 있게 되었다. 정서 지능이란 무엇인가? 상대방의 감정을 헤아릴 줄 알고 자신의 감정을 지혜롭게 다스리는 능력을 뜻한다.

정서 지능이 높은 아이들은 상황 판단력이 좋고 관계를 맺는 데 어려움을 겪지 않는다. 심리학자들은 아동기 정서 지능의 발달은 성인이 되었을 때의 삶에도 큰 영향을 미친다고 주장한다. 다음 세 가지 사례는 축구가 아이들의 마음을 어떻게 훈련시켜 주는지 보여 준다.

### 배려심 훈련

4학년 진호는 수업 중 지후에게 미안하다고 말했다. 그 이유는 자신이 한 패스가 지후가 받기 힘든 높이로 날아가 훈련이 중단되었기 때문이다. 진호는 분명 지후가 받기 쉽게 패스를 하고 싶었을 것이다. 보통 연령과 수준에 맞게 난이도를 조절하며 교육하지만 패스의 경우 연령에 상관없이 적용되는 원칙이 하나 있다. 바로 '정확하고 받기 쉽게'다.

그래서 처음 축구를 배우는 아이에게는 "정확하고 받기 쉽게 공을 차기 위해서는 발의 어떤 부위로 차면 좋을까?"라는 질문으로 시작해서 패스의 개념을 이해하도록 교육한다. '정확하고 받기 쉽게'라는 원칙을 가진 패스는 아이들이 상호작용을 하는 데 있어 먼저 배려하라는 뜻이 담겨 있다. 동그란 공은 변덕이 심해서 배려심이 담기지 않은 패스는 받기 힘들다. 뿐만 아니라 자신에게 다시 돌아올 때도 받기 힘들어지기 때문이다.

### 상호 존중 훈련

3학년 기찬이의 엄마는 아이가 승부욕이 강하고 이기적인 성향을 지녔다며 걱정했다. 축구가 아이의 단점을 고쳐 주는 역할을 해 주었으면 좋겠다고 말했다. 기찬이에게서는 엄마의 말처럼 자신에게 공이 오면 멀리 차거나 혼자서 드리블하는 이기적인 모습이 보였다.

패스 훈련을 할 때도 재미가 없다며 드리블만 하고 싶다고 했다. 하루는 그런 기찬이에게 축구는 혼자 할 수 있는 운동이 아님을 깨닫게 해 주고 싶었다. 그래서 3:3 미니 게임을 규칙을 변형해서 진행했다. 기찬이의 팀은 패스를 해서 넣은 골은 무효 처리하고 상대 팀은 패스를 두 번 이상 해야 골로 인정하기로 말이다. 결과는 5:0으로 기찬이의 팀이 패배하게 되었다.

경기가 끝난 후 나는 기찬이에게 물었다. 자존심이 상한 기찬이는 패배에 승복하지 않았다. 나는 한 달 동안 미니 게임을 이렇게 진행했다.

한 달 뒤 기찬이는 경기가 끝날 때 울면서 이런 말을 했다. "패스하는 팀이 더 잘해요. 드리블은 공을 안 빼앗기려고 하는 거고 패스는 골을 넣으려고 하는 거예요. 우리 팀도 패스 두 번 하게 해 주세요." 기찬이가 유아였다면 이런 방법을 쓰지 않았을 것이다. 나는 기찬이가 나의 의도를 충분히 이해할 수 있으리라 믿었다. 그리고 기찬이는 내가 원했던 깨달음을 얻었다.

기찬이의 팀은 공을 혼자서만 가지고 있어야 했기 때문에 3명의 수비를 상대하기 어려웠다. 반면 상대 팀은 패스를 두 번 해야 하기 때문에 공을 잡으면 주위를 살펴야만 했다. 유소년 축구 교육에서 고개를 들고 주위를 살피는 훈련은 매우 중요하다. 동료의 움직임을 이용해서 위기의 상황을 모면할 수 있고, 득점 기회를 만들 수 있기 때문이다. 이와 같은 원리를 이해한 아이들은 서로의 존재에 대해 감사함을 느낀다.

우리 팀이 있기 때문에 공을 잡아도 두렵지 않게 된다. 그러곤 비로소 상호 존중을 시작하게 된다. 팀의 중요성을 깨달은 이후 기찬이는 드리블과 패스 능력을 고루 갖춘 팀 플레이어로 성장했다. 현재 솔뫼 축구센터 대표팀으로 뛰고 있다.

### 협동심 훈련

영준이는 매번 미니 게임을 할 때마다 공격만 하고 싶다고 했다. 그 이유는 수비를 안 해도 되기 때문이다. 나는 영준이에게 공격수는 가장 앞에서 수비를 해 주어야 함을 알려 주고 싶었다.

1:2 훈련을 진행했다. 혼자인 팀은 공격하고 둘인 팀은 수비하는 방식이었다. 영준이의 경우 드리블 능력이 좋아 "수비 3명에 도전해 볼까?"라고 하며 승부욕을 불태웠다.

도전하는 것을 즐기던 영준이는 내 제안을 흔쾌히 수락했다. 골을 넣어야 경기가 끝나는 것이 규칙이었다. 도저히 점수를 내는 것이 어려웠던 영준이는 힘들다고 말했다. 아이들을 불러 이 게임을 하며 느낀 점에 대해 물어보았다. 영준이는 수비가 많으니까 골을 넣기가 힘들다고 했다. 나는 수비 팀에게 거꾸로 질문했다.

"3명이서 1명을 수비하는 거 어땠어?"

"쉬워요."

아이들이 낸 결론이다.

나는 한마디를 더 보탰다. 상대방의 공을 빼앗고 싶으면 함께 움직여 보자고 말이다. 그날 이후, 영준이는 수비의 개념에 대해 다시 생각하게 된 듯했다. 매번 경기를 할 때마다 공격수의 위치에서도 상대 팀의 볼을 빼앗기 위해 열심히 움직이는 모습을 보여 주었기 때문이다. 한 친구가 상대 팀의 볼을 빼앗으려고 움직일 때 역시 도와주는 아이들의 모습을 보며 자연스럽게 협동심이 배양되었음을 느꼈다.

배려심, 상호 존중, 협동심은 관계를 형성하는 데 긍정적인 영향을 미치는 가장 중요한 요소다. 나의 감정이 가장 중요하다고 생각하던 아이들이 축구를 통해 상대방의 감정 그리고 우리의 감정을 알아 가는 과정을 지켜보며 지도자로서 매우 뿌듯했다.

축구를 지도하는 이들은 이런 경험을 시켜 줄 수 있는 기회가 무수히 많다. 축구가 가진 객관적인 장점만 제대로 파악한다면 말이다. 축구인으로서 영화 〈골〉의 명장면은 오래도록 기억날 것이다. 감독은 혼자서 골을 넣으려는 선수를 향해 공은 사람보다 빠르며 셔츠 앞에 있는 팀 이름이 등 뒤에 있는 자신의 이름보다 더 중요하다고 말한다.

그렇다. 축구는 지극히 개인적이었던 아이를 팀을 이루는 하나의 구성원으로 적응하게 한다. 축구를 배우는 아이들은 팀의 구성원이 되는 연습을 하며 사회에 나갈 준비를 하게 되는 것이다. 예나 지금이나 축구를 하는 아이들끼리는 쉽게 친해진다. 한 골을 만들기 위해 아이들이 주고받는 수십 번의 패스, 그로 인해 느끼는 감정은 수백 마디의 대화보다 강한 힘을 지니고 있기 때문이다.

# 03 태권도: 자신과의 싸움에서 이기는 방법을 알려 주는 운동

모든 힘은 보이지 않는 것을 믿는 데서 나온다.
– 제임스 클라크

"누구도 너에게 '넌 할 수 없어'라고 말하는 것을 허용하지 마. 그게 나일지라도. 네게 꿈이 있다면 너는 그걸 지켜야 돼. 사람들은 자신이 할 수 없는 걸 너에게 '넌 할 수 없어'라고 말하고 싶어 하니까. 원하는 것이 있다면 가서 쟁취해. 반드시."

영화 〈행복을 찾아서〉의 명대사다. 회복탄력성은 '무엇이든 할 수 있다'라는 생각에서 시작된다.

살면서 누구나 크고 작은 위기들을 마주한다. 나 역시 마찬가지였다. 학업, 인간관계, 재정적 위기 등을 맞이하게 될 때마다 슬픈 감정을 억누르기 위해 눈을 감고 스스로를 달랬다. 그러면 강해진 마음은 '무엇이든 할 수 있다'라는 생각으로 올바른 답을 제시했다. 결국은 모든 문제를 스스로 해결했다. 이런 마음을 길러 준 대표적인 운동은 태권도다.

나는 팀 스포츠인 야구를 가장 먼저 접했고 수영, 태권도, 골프 세 가지 운동을 초등학교 때 병행했다. 그중 태권도는 내 의지와 상관없이 남들 다 하니까 어머니가 억지로 보내는 학원의 개념이었다. 그래서 조금만 힘들어도 안 다니고 싶다는 말을 자주 했었다. 그럴 때마다 어머니는 이유를 물었다. 다니기 귀찮아서 둘러대는 내 변명을 어머니가 들어줄 리 없었다.

처음 도장에 들어가서 본 풍경은 두려움, 그 자체였다. 나보다 씩씩하고 키가 큰 형들과 함께해야 했다. 사범님의 저음은 야구팀 코치와는 달리 두려웠다. 매번 도장 전체를 휘감는 기합 소리와 크게 울리는 미트 소리는 어린 내게 낯설기만 했다. 결정적으로 스트레칭을 할 때면 개구리 자세가 잘되지 않는 것이 싫었다. 높았던 자존감이 스트레칭 시간만 되면 떨어지니 좋을 리 없었다.

태권도는 단순히 무도라고 하기에는 여러 가지 운동 요소를 많이 가지고 있다. 이는 당연한 것이 심사 항목인 품세와 겨루기를 잘하기 위해서는 근력, 유연성, 지구력, 균형 감각, 순발력을 갖춰야 하기 때문이다. 나중에 알게 되었지만 이 다섯 가지는 모든 운동을 잘하기 위한 기초 운동 능력들이었다. 기초 운동 능력이 좋아야 달리기, 도약, 던지기, 잡기 등의 운동 기능이 향상되고 모든 운동을 잘할 수 있는 조건이 마련된다.

나는 유연성이 좋지 않았다. 그래서 스트레칭 시간이 되면 모든 동작이 어려웠다. 발차기도 높이 올라가지 않았다. 운동을 잘하는 줄 알았던 나로서는 그 사실을 인정하기 힘들었던 것이다. 노란 띠를 따는 데 걸리는 시간이 남들보다 1개월이 늦었다는 것은 이를 뒷받침하는 사실이다.

어느 날 같은 학교를 다니는 친구가 관장님과 사범님에게 "얘 야구선수예요."라고 말했다. 사범은 자신감이 떨어져 있던 나에게 포수를 잘 보려면 개구리 자세를 잘해야 한다며 집중 연습을 시켜 주었다. 잘해야 하는 이유가 있으면 열심히 하는 습관이 있던 나였기 때문에 그때부터 나와의 싸움이 시작되었다. 내적 동기부여를 하는 습관이 없었다면 아마도 그 싸움에서 졌을지도 모르지만 말이다.

개구리 자세를 잘하기 위해 30분 일찍 나와 남들보다 스트레칭 시간을 2배로 늘렸다. 결국 노란 띠를 취득했다. 그리고 초록 띠, 밤 띠, 빨간 띠, 품 띠, 검은 띠까지 매월 두 차례의 심사를 거쳐야 하는 태권도의 시스템에 서서히 적응되기 시작했다.

어린 나이의 내가 받아들이기에 개구리 자세는 '하면 된다'를 경험한 어찌 보면 충격적인 사건이었다. 집에서 TV를 보고 있는 아버지와 어머니에게 다가가 개구리 자세를 보여 주며 자랑하던 내 모습이 아직도 생생히 기억난다. 개구리 자세가 되면서부터 발차기에 쓰이는 근육들이 탄력을 받기 시작했다. 한 달 전만 해도 앞차기를 하면 미트에 잘 닿지 않던 나였다. 그런데 미트와 발이 닿을 때 '펑' 하면서 큰 소리가 나기 시작했다. 사범님이 용기를 북돋워 주기 위한 차원에서 미트를 내려 준 적도 있다. 하지만 '나도 저런 소리가 났으면 좋겠다'라고 생각했던 내게는 자신감이 커지는 순간이었다.

초등학교 4학년 운동회 날이었다. 하이라이트는 달리기였다. 당시 내가 속했던 조에는 우리 학교 육상부 친구를 포함해 운동을 잘하는 친구들이 모여 있었다. 달리기를 시작하기 전부터 3등만 해도 성공이라는 생각으로 달렸고 나는 3등을 했다. 손등에 3등 도장이 찍혔다. 목표한 바를 이뤘기 때문에 지우지도 않고 태권도 도장에 가서 형들한테 자랑했다. 그런데 비웃는 것이었다. 형들은 전부 1,2등을 했는데 3등 가지고 뭘 자랑하느냐며 놀려 댔다.

그때 사범님이 형들에게 해 준 말이 있다. "육상부 친구도 있는데 3등이면 1,2등 안에 든 거니까 잘한 거지. 너네도 발차기 릴레이랑 쪼그려 뛰기 많이 해서 1,2등 하는 거잖아."라고 말이다. 그 말을 듣고 속으로 생각했다. 발차기 릴레이랑 쪼그려 뛰기 많이 하면 1등 할 수 있다고? 그전까지 달리기 1등에 큰 욕심은 없었던 나인데 솔깃했다.

학교 운동회는 어머니, 아버지, 친구들이 모두 보는 앞에서 나를 드러낼 수 있는 유일한 행사인데 1등을 하면 얼마나 좋을까 하는 생각에 사범님의 가르침대로 발차기 릴레이와 쪼그려 뛰기를 엄청 연습했다. 그 당시 쪼그려 뛰기를 하루에 200개는 했던 것으로 기억한다.

힘들 때마다 내년 체육대회에서 1등 도장을 받아 오는 모습을 생각했다. 주말에 야구팀 준비 운동을 할 때도 태권도의 발차기 릴레이와 쪼그려 뛰기를 하다 혼난 적이 있을 정도다. 구체적인 운동 목표가 생긴 날이었다. '운동회 달리기 1등.'

5학년이 되던 해, 달리기에서 운 좋게 육상부 친구와 같은 조에 편성되지 않았다. 나는 그간의 결실을 맺고 싶었다. 결과는 놀라웠다. 압도적인 차이로 1등을 했다. 그때는 이모할머니도 운동회에 응원을 왔었는데 1등으로 들어온 나를 보던 표정이 아직도 생생하다.

그다음 해부터는 반별 달리기 1등을 놓치지 않았다. 개구리 자세에서 시작해 달리기 1등이라는 목표를 세워 준 태권도는 내게 부족했던 운동 능력을 갖추게 해 줌으로써 모든 운동을 잘하게 해 준 구심점이다.

어려워만 보였던 목표들을 하나씩 성취해 나간 태권도를 통해 무엇이든 할 수 있다는 자신감과 높은 목표를 세우는 습관이 생겼다. 도전해서 얻는 성취의 행복을 떠올리게 되었다.

이듬해 나는 전학을 가게 되어 태권도 도장에 다닐 수 없게 되었다. 집 근처에는 합기도 도장이 있어서 태권도의 추억을 살리고자 그곳에 등록했다. 합기도 역시 태권도와 마찬가지로 어려운 동작들이 많았다. 특히 회전 낙법은 공중에서 몸을 360도 회전한 후 착지하는 것이었다. '저걸 내가 할 수 있을까?'라는 생각이 들 정도로 어려워 보였다.

하지만 이 역시 태권도의 개구리 자세처럼 모두가 당연하다는 듯 해내고 있었다. 나 역시 태권도를 통해 '할 수 있다'라는 마음을 갖고 있었기 때문에 몇 주간의 연습기간 이후 회전 낙법에도 성공했다.

태권도에서 아이가 마주하게 될 다양하고 어려운 숙제들 중 할 수 없는 것은 없다. 다만 개인에 따라 해내는 기간에 차이가 있을 뿐이다. 운동에 싫증을 내는 아이들 대부분은 성취하기까지의 시간이 버티기 힘들 만큼 오래 걸려서 그렇다. 기간이 오래 걸릴 수 있음을 부모가 인정하고 응원해 준다면 누구나 할 수 있는 것들이다. '할 수 있다'라고 생각하는 것은 두려움을 용기로 바꾸어 주는 첫 번째 단계다.

전학으로 인해 품이라는 도전 과제를 이루지 못해 아쉬웠던 나는 군대에서 태권도 1단 자격을 취득했다. 어릴 때 배웠던 태극 품세와 발차기 동작들을 다시금 복습하며 과거의 추억들을 떠올렸다. 불가능해 보였던 과제들을 성취하게 된 경험은 무엇이든 해 보기 전에 두려워하지 않는 습관이 되었다. 우리나라는 태권도의 종주국답게 전국 각지에 태권도 도장이 즐비하다. 지금도 수많은 아이들이 태권도를 통해 '할 수 있다'라는 마음 훈련을 하고 있다. 이들의 밝고 긍정적인 미래를 기대한다. 태권도는 자신과의 싸움에서 이기는 방법을 알려 주는 운동이기 때문이다.

04

# 수영: 두려움을 극복하고 자신감이 자라나는 운동

성공하기까지는 항상 실패를 거친다.

우리 회사에는 직원을 고용하는 확고한 기준이 있다. 기질과 운동 능력이 제각기 다른 아이들을 지도하는 것은 쉬운 일이 아니다. 아무리 아이를 좋아하는 사람일지라도 수시로 발생하는 각종 변수를 마주하게 되면 자신이 아이를 지도할 자격이 없다고 느끼는 경우가 많다. 때문에 일이 적성에 맞고 아무리 어려워도 배울 의향이 있는지를 확인하는 직업 체험 기간을 거친다.

경력이 있어도 학부모와 아이의 욕구를 제대로 충족시키지 못하는 사람들은 이 기간을 버티지 못한다. 반면 아이를 처음 대하는데도 꼭 제대로 배워서 일하고 싶다고 하는 사람들도 있다. 나는 후자의 경우를 고용한다. 무엇이든 배우는 자세로 임하는 사람을 선호하기 때문이다. 그들에게 낯선 환경에서 주어지는 직업

체험 기간은 많은 내적 갈등이 존재하는 심리적인 위기일 것이다. 하지만 이 위기를 학습이라고 생각하는 능력은 회복탄력성을 말할 때 빼놓을 수 없는 항목이다.

그렇다면 이런 능력을 키워 주는 운동은 무엇일까? 모든 운동이 위기를 통해 학습하며 극복하는 과정을 지니고 있다. 그중에서도 수영은 애초에 위기 상황에서 시작하게 되는 종목이다. 몸을 쉽게 가눌 수 없는 물이라는 위기를 부여하고 극복해 내는 과정을 수영이라고 일컫는 것이다.

나는 물에 빠져도 살아남을 수 있어야 한다는 어머니의 권유로 수영을 시작하게 되었다. 위기에 익숙하지 않았기 때문에 처음 입수했을 때 몰려오는 두려움을 이겨 내기 힘들었다. 옆 레인 친구들의 발차기로 인해 물안경에 튀는 물조차 무서웠다. '물에 안 빠지면 되지. 왜 이렇게 무섭게 운동을 배워야 하나?'라는 생각에 처음 수영을 다녀온 날 어머니께 말했다. 물이 너무 무서워서 수영을 하기 싫다고 말이다.

아버지는 대중목욕탕을 싫어하셨다. 때문에 수영장이 더 낯설었을 수도 있다. 당시 수영장을 무서워하지 않던 친구들은 아빠와 함께 목욕탕에 자주 다녔다. 겁쟁이라고 친구들이 놀려도 물에 들어가는 것보다는 그게 나았던 내가 싫었다.

이런 기억으로 인해 내 아이가 두 돌이 되었을 때부터 시간이 되면 대중목욕탕엘 데리고 다녔다. 그 결과, 적어도 내가 어렸을 때보다는 물에 대한 두려움이 작은 듯하다. 아이에게 다양한 체험을 제공하는 것은 낯선 환경에 대한 두려움을 덜어 주는 가장 좋은 방법이다.

앞에서 밝혔듯이 내가 다시 수영을 배우고 싶다고 느낀 것은 초등학교 때 좋아했던 이성 친구 때문이었다. 스스로 잘하고 싶다는 이유를 만들기 전까지 수영은 내게 두려움 그 자체였다. 나는 물이라는 환경에 대한 위기의식에 사로잡혀 있었다.

다시 배우게 된 수영은 여전히 무서웠다. 킥 판을 잡고 물에 뜨는 것을 배우고 발차기를 연습하는 첫 번째 단계의 교육을 진행하는 초등학생 중 내가 제일 키가 컸다. 유치원을 다니는 아이 한 명은 옆 레일에서 자유형을 하고 있었다. 혼자서만 두려워하고 있다고 느낀 나는 용기를 내기로 했다. 마침 수영 강사가 킥 판을 빼고 자신의 몸에 의지하라면서 내 몸을 물에 띄워 주었다. 강사에게 몸을 맡기고 나니 긴장되었던 몸에서 힘이 빠지기 시작했다. 내가 물에 처음 뜬 순간의 기억이다.

물에 뜰 수 있다는 용기를 얻은 나는 다음 날, 발차기 연습을 할 때도 어제의 장면을 기억하며 몸에서 힘을 빼려고 노력했다. 더불어 "음파음파" 호흡을 하면서 물속에 고개를 넣는 것이 익숙해지기 시작했다. 집에 오면 욕조에 물을 받아 놓고 일부러 고개를 넣곤 했다. 그러곤 대담해진 나를 스스로 뿌듯하게 여겼다.

그렇게 몇 주가 흘렀다. 자유형을 배우게 되었고 드디어 킥 판 없이 25미터 트랙에 도착하게 되었다. 강사는 나에게 물에 들어가는 것조차 두려워했던 한 달 전의 내 모습을 상기시켜 주었다. 25미터를 혼자 질주하고 나니 한 달 전의 내 모습이 이해가 되지 않았다. 살면서 처음으로 위기를 혼자 극복한 순간이었다.

다음 단계는 배영이었다. 사실 코와 입에 물이 들어가는 경우도 많았지만 할 수 있다는 생각에 금방 배울 수 있었다. 이후 주말이면 자유 수영을 하면서 친구들과 수영장에서 노는 일이 많아졌다. 수영을 오래 배워 잘하는 친구와 시합도 하게 되었다. 물이라는 환경이 더 이상 두렵지 않았다.

심리적인 부분 이외에도 수영은 다음과 같은 네 가지의 장점을 갖고 있다.

- 폐활량이 좋아진다.
- 허리와 목의 C자를 물속에서 오래 유지함으로써 자연스럽게 바른 자세가 된다.
- 힘들었던 수영이 점점 쉬워지며 도전정신이 강해진다.
- 근지구력이 향상된다.

지금은 어린이 전용 수영 교육 프로그램이 많이 다채로워졌다.

하지만 당시는 영법만 배우는 방식이었기 때문에 영법 4개만 배우면 끝이었다. 아이를 키우는 부모는 공통적으로 수영은 할 줄 알아야 한다는 생각을 지니고 있다. 이에 부응해 지금의 수영 교육은 예전의 나처럼 물을 두려워하는 아이들도 즐겁게 수영을 배울 수 있도록 해 준다.

요령을 알면 작은 힘으로도 오래 할 수 있는 것이 수영이다. 위기의 상황에서 두려움을 극복하고 하면 할수록 나아지고 더욱 발전할 수 있음을 몸으로 느낄 수 있게 된다. 자신의 능력에 대한 믿음을 통해 한계를 높이면서 도전정신을 기를 수 있다.

중학교 2학년 때 아시안 게임 금메달리스트 고(故) 조오련 씨를 필두로 연예인들이 대한해협을 횡단하는 다큐멘터리를 보게 되었다. 수영을 처음 시작하는 사람은 25미터도 숨이 차서 완주하지 못하는데 파도치는 해협 58킬로미터를 횡단하는 도전이 가능할까 싶었다.

하지만 결과는 성공이었다. 무슨 일이든 도전하면 이룰 수 있다는 자신감을 온 국민에게 심어 준 프로그램이었다. 당시 참가했던 이들은 고(故) 조오련 씨와 탤런트 소지섭을 제외하면 전부 수중 스포츠 선수 경험이 없는 일반인들이었다. 그들이 대한해협의 횡단에 성공한 가장 큰 이유는 수영이 지니게 하는 자신감과 수영으로 길러 낸 도전하는 마음 습관 때문이었을 것이다.

# 05 골프: 스스로 판단하는 능력을 길러 주는 운동

집중력은 자신감과 갈망이 결합해 생긴다.
– 아놀드 파머

내가 골프에 입문한 것은 초등학교 4학년 때였다. 잡기에 능해야 한다는 어머니의 제안과 야구를 하며 생긴 구기 종목에 대한 자신감으로 처음 골프에 도전했다. 하지만 골프를 열심히 배우겠다던 다짐은 얼마 지나지 않아 사라졌다. 자세를 잡는 것부터 공을 맞추는 데까지 걸리는 시간이 너무 오래 걸렸다. 동기부여가 되지 않는 반복 훈련은 지루하기 짝이 없었다. 잘하는 운동을 즐겁게 하고 싶다며 어머니를 설득해서 골프를 그만두게 되었다.

20년이 지난 후 지인들과 함께 오래도록 할 수 있는 운동을 배워야겠다는 생각이 들었다. 그래서 골프를 다시 배우게 되었다. 처음 골프를 배우던 때와는 달리 끈기와 강한 동기부여를 장착했다. 그렇게 골프는 내 취미가 되었으나 입문 과정이 지루한 것은 예나 지금이나 마찬가지였다. 나는 골프가 특권 계층의 스포츠라는 선입견을 지니고 있었다. 적어도 아이들이 쉽게 배울 수 있는 시대가 도래했고 세계적으로 가장 대중적인 스포츠가 골프라는 사실을 알기 전까진 말이다.

우연히 알게 된 스내그는 이러한 깨달음을 제공해 준 결정적인 계기였다. 스내그는 아이들을 위한 골프 입문 프로그램으로 미국 PGA 출신의 테리 안톤 회장이 고안했다. '쉽고 재미있게'라는 취지에 맞게 모든 훈련 도구가 아이들이 좋아하게끔 과학적으로 제작되었다. 미국, 일본에서는 교과과목으로 편성될 정도로 엄청난 반향을 불러일으켰다. 이후 유치원, 초등학교에서 스내그를 배우는 아이들의 사뭇 진지한 표정은 골프에 대한 나의 선입견을 백팔십도로 바꿔 놓기 충분했다.

내가 골프를 그만두게 된 계기는 지루하다는 이유 하나였다. 이러한 점의 보완이 가능하다면 치는 사람만 알 수 있다는 골프의 즐거움을 아이들에게 선물하고 싶었다. 마침 한국 스내그 골프협회에서 나와 같은 생각을 지니고 골프의 대중화를 실천하고 있었다. 뜻을 공유하겠다는 의사를 밝힌 나는 축구 교육사업을 하면서 얻은 노하우와 프로그램 개발 능력을 인정받아 한국 스내그 골프협회 이사이자 교육사업 본부장이 되었다. 그러곤 축구만을 전문으로 교육하던 솔뫼 스포츠를 통해 스내그를 보급하기 시작했다.

내가 가장 먼저 한 일은 현장에서 직접 아이들을 지도하며 어린아이들이 골프를 통해 얻을 수 있는 교육 효과가 무엇인지 연구하는 것이었다. 그러기 위해서는 골프를 낱낱이 파헤쳐야 했다. 처음에는 클럽을 잡고 마구 휘두르던 아이들이 변해 가는 모습을 보며 골프의 교육 효과에 대해 정리할 수 있었다.

## 남을 생각하는 마음이 무엇인지 깨닫게 된다

정적인 수업은 아이로 하여금 지루함을 느끼게 한다. 하지만 정적인 상태에서도 재미를 느끼게 하는 방법이 있다. 역할을 부여하는 것이다. 그래서 나는 자신의 차례가 된 친구는 골퍼, 기다려야 하는 친구는 캐디로 명명하고 캐디 역할의 중요성을 알려 주었다. 골퍼의 역할을 하는 친구가 정확한 방향을 보고 있는지, 머리와 다리가 흔들리지는 않는지 잘 봐 주어야 한다고 했다.

캐디의 역할을 하는 친구가 골퍼인 친구가 연습 스윙을 할 때 무엇이 잘못되었는지 얘기해 주는 상황이 연출되었다. 나아가 방향을 잘못 보고 있다고 생각되면 실제 캐디처럼 공의 방향을 다시 놓아 주는 것이었다. 골퍼 역할을 하던 친구는 자신이 캐디 역할을 하게 되었을 때 제공받은 호의에 보답하려고 노력했다. 아이들에게는 단순한 역할놀이로 인지될 수 있었다. 하지만 캐디의 존재로 인해 자신의 스윙이 잘 이루어짐을 느끼도록 지도하면 의미가 달라진다. 상대방을 진심으로 도와주고 나 역시 도움을 받는 과정을 통해 남을 생각하는 마음, 나아가 더불어 산다는 것의 소중함을 느끼게 되는 것이다.

### 자신의 능력을 객관적으로 바라보게 한다

나는 아동기 스내그의 교육 목표를 크게 세 가지로 구분했다.

첫째, 세게 치는 것이 아니라 정확하게 치는 것이다. 그렇기 때문에 힘보다는 방향이 중요하다. 막무가내로 클럽을 휘두르는 아이들에게 방향이 중요하다는 개념을 알려 주기 위해서 롤링(골프에서는 퍼팅) 교육을 먼저 실시한다. 승리하고 싶다는 본능은 점수를 얻기 위한 노력으로 이어지고 결국엔 방향의 중요성을 인지하게 된다. 힘보다는 방향이라는 것을 알게 된 아이들에게는 단계별 스윙 교육이 이루어진다.

둘째, 스윙 메커니즘의 이해다. 골퍼들은 정해진 거리에 공을 보내기 위해서 어떤 클럽을 잡아야 할 것인가? 고민하게 된다. 예를 들어 150미터 떨어진 거리에 공을 보내야 한다면 바람, 지면의 상태 등을 고려해서 평소 자신이 일정하게 기록했던 비거리를 보유한 클럽을 선택한다. 이 과정은 골프를 처음 접하는 아이들이 생각할 때는 매우 어렵다. 때문에 여러 가지 클럽을 이용해서 거리를 정하는 골프와는 달리 스내그는 런처(공을 띄우는 도구)와 롤러(공을 굴리는 도구)만을 사용한다. 스윙의 크기로만 자신에게 맞는 비거리를 만들 수 있다. 이는 골프와 마찬가지로 자신의 스윙에 대한 일관성과 믿음이 생기는 과정이다.

셋째, 넘어지지 않아야 한다. 골프는 지면에 밀착된 하체의 힘을 이용하는 운동이다. 균형 감각이 부족하면 하체가 많이 흔들리게 된다. 안정적인 스윙 메커니즘을 몸에 익히는 데 오래 걸린다. 넘어지지 않겠다는 생각을 지니고 골프를 배운 아이들은 자연스럽게 균형 감각이 향상된다. 이는 모든 운동을 하는 데 도움이 된다.

이 세 가지의 교육 목표를 담은 프로그램은 아이들이 자신의 골프 능력을 파악하는 데 초점을 맞추었다. 자연스럽게 나는 어떤 골퍼인가? 생각하게 된다. 집중력이 뛰어나 롤링을 잘하는 아이, 유연성이 뛰어나 스윙 메커니즘을 빨리 깨우치는 아이, 균형 감각과 하체 근력이 뛰어나 거리를 멀리 보내는 아이 등 각자의 장점에 맞는 캐릭터가 그 예다. 자신의 능력을 객관적으로 바라보게 되는 것이다.

### 자신의 행동에 대한 옳고 그름을 판단할 수 있다

스내그는 훈련 도구가 다채롭다. 지도자가 이를 잘 활용하면 개인 운동으로 인식되어 있는 골프를 통해 팀 운동이 줄 수 있는 교육 효과를 제공할 수 있다. 그것도 더 효과적으로 말이다. 나의 경우는 실전 골프의 룰을 적용할 때 2~3인이 한 팀이 되도록 한다. 티샷→세컨 샷→롤링 세 과정을 팀원이 돌아가면서 하게 된다. 팀원이 무심코 휘두른 티샷이 목적지에서 크게 벗어나면 다음 팀원들이 어려워진다. 이는 결국 우리 팀의 패배로 이어진다. 나의 사소한 행동이 팀원 전체를 힘들게 하는 것을 눈으로 직접 보게 되는 것이다.

골프는 집중력이 매우 중요하다. 그렇다고 어린아이들에게 집중력을 강요할 수는 없다. 하지만 아이 스스로 집중해야 한다는 이끌림이 있다면 나아질 수 있음을 운동을 지도하면서 많이 경험했다. 그리고 그 이끌림은 아이의 가치관을 형성하는 데 큰 기여를 한다.

이제 골프는 더 이상 지루하게 배우는 어른들의 놀이가 아니다. 공 하나를 쳐 내는 행위에 수많은 판단의 시간이 제공된다. 나와 지켜보는 이들의 마음을 헤아리며 이끌림이라는 에너지를 얻는다. 세상을 살아가는 데 갖추어야 할 가치관을 심어 주는 소중한 교육인 셈이다.

# 06 스케이트: 위기에 대처하는 힘을 길러 주는 운동

꿈은 실패했을 때 끝나는 것이 아니라 포기했을 때 끝나는 것이다.
- 리처드 닉슨

초창기에 솔뫼 스포츠는 축구와 인라인스케이트 그리고 수영 세 가지 종목을 함께 운영했다. 두 가지 이상의 운동을 병행하는 것이 아이에게 좋다는 생각을 가졌기 때문이다. 나는 축구 지도를 담당하고, 인라인스케이트와 수영 전문 지도자는 따로 채용했다.

대학교 때 아이스하키 동호회에 참여했던 경험이 있던 터라 당시 인라인스케이트 지도자의 책상에 꽂혀 있는 지도서에 흥미가 갔다. 가끔 몰래 지도서를 읽은 적도 있다. 호기심과 관심은 결국 인라인스케이트를 구입하는 데까지 이르렀다. 오랜만에 신고 홀로 트랙을 도는데 문득 처음 스케이트를 신었을 때가 기억났다.

아파트 단지에서 친구들과 인라인스케이트를 타고 놀았던 기억이 주마등처럼 스쳐 지나갔다. 신고 일어서기까지는 어렵지만 넘어져도 벌떡 일어나야만 하는 스케이트는 자연스럽게 나를 강하게 만들어 주고 있었다.

하루는 인라인스케이트 지도자가 내게 고충을 토로했다. 아이들에게 보호대를 착용해 주는 시간이 너무 길어져서 실질적인 수업시간이 매우 단축된다는 것이었다. 혹시라도 모를 수업의 질에 대해 학부모가 문제를 제기할 가능성을 염려하고 있었다. 나는 보호대를 착용하는 방법을 알려 주는 것도 인라인스케이트 수업의 일부라고 생각했기 때문에 너무 걱정하지 말라고 했다. 보호대 착용은 스케이트가 지닌 특성 때문이고, 아이가 이를 이해하면서부터 교육이 시작되기 때문이다.

스케이트는 쉽게 일어설 수 없고 똑바로 걷지 못하는 두려움의 상황에서 시작하게 된다. 수영이 움직이기 힘든 물이라는 환경에서 시작되듯 애초에 위기 상황을 부여하고 극복하는 운동인 셈이다. 때문에 아이들로 하여금 각종 보호 장비를 착용해야 하는 이유를 알게 하는 것은 위기를 현명하게 대비하는 것의 중요성을 깨닫게 해 주는 것이다.

그렇다면 스케이트를 타면서 느낄 수 있는 가장 큰 위기는 무엇인가? 바로 넘어지는 것이다. 자신의 몸을 지탱하는 능력, 쉽게 말해 잘 넘어지지 않는 것을 전문용어로 균형 감각이라고 칭한다.

간혹 운동에 대해 잘 모르는 이들이 스케이트는 균형 감각이 좋아야 되니까 초등학교 지나서 타는 게 맞는다고 얘기한다. 하지만 나는 답한다. 균형 감각이 좋아야 스케이트를 타는 것이 아니라 스케이트를 타야 균형 감각이 좋아진다고. 그리고 균형 감각은 모든 운동에 가장 필요한 능력이다.

특히 구기 종목, 태권도 등 다양한 운동 능력이 수반되어야 하는 종목의 경우 균형 감각 훈련은 필수다. 모든 연결 동작이 원활하게 수행되기 위해서는 넘어지지 않아야 하기 때문이다.

스케이트를 처음 배우는 아이들은 일어나는 법부터 배우게 된다. 두 발로 지면과 붙어 있던 때와 달리 스케이트를 신게 되면 얇은 스케이트 날에 몸을 맡겨야 한다. 자연스럽게 수차례 넘어지고 일어서는 것을 반복하게 된다. 이 과정에서 아이는 넘어지는 것을 극복하고 싶어진다. 빠른 아이는 1주, 늦는 아이는 3~4주가량의 시간이 소요된다. 그리고 나면 아이는 드디어 스케이트를 신고 일어서는 데 성공한다.

다음 단계는 지면에 밀착된 스케이트 날을 믿고 땅을 밀며 앞으로 나아가야 한다. 걷고 뛰는 것에 익숙했던 아이들에게 땅을 밀어야 한다는 개념은 매우 생소하다. 하지만 지도자의 시범을 본 아이들은 불가능한 것은 아니라는 것을 깨닫게 된다. 한 명이 성공하게 되면 자신도 할 수 있다는 생각을 하게 된다. 그리고 어느 순간 모두가 지면을 밀고 나아가는 데 성공한다.

그토록 낯설었던 과정을 이겨 내면 아이는 비로소 스케이트를 신고 전보다 좀 더 자유로워진다. 많은 드릴(스케이팅 기술)을 배우며 자신이 원하는 대로 속도와 방향을 제어하기 시작한다. 스케이트를 재미있게 느끼기 시작하는 순간이다. 아이는 넘어지더라도 빠르게 일어나서 아무렇지 않게 스케이팅을 한다.

이제 아이는 넘어지고 싶지 않다는 생각을 한다. 어떻게든 넘어지지 않기 위해 스케이트 속 발에 모든 신경을 집중해서 자신의 몸을 제어한다. 이 과정은 균형 감각이 형성되고 있다는 매우 구체적인 증거다.

아이가 스케이팅에 흥미를 느끼고 있는 것이 느껴진다면 이를 응용한 운동에도 도전해 보길 추천한다. 마음 놓고 스케이트를 탈 수 있는 공간이 예전에 비해 매우 드물어 스케이팅에 대한 도전에 어느 순간 한계가 오기 때문이다.

그렇다면 스케이팅을 응용한 운동에는 어떤 것들이 있고, 그 특징은 무엇인가?

### 인라인 · 아이스하키

하키는 스케이트를 신고 할 수 있는 가장 대표적인 팀 운동이다. 상대 팀과 퍽(하키에 쓰이는 볼)을 다투며 득점을 하기 위해 필요한 스케이팅 드릴을 배우게 된다. 스케이팅을 잘하고 싶다는 아이의 배움 욕구를 충족시킬 수 있을뿐더러 팀 운동이 가진 장점을 고루 흡수할 수 있다.

특히 아이스하키는 많은 보호 장비를 착용하고 우리 팀을 보호하며 운동해야 한다. 선수들의 경기를 보면 우리 팀을 보호하기 위해 상대 선수들과 충돌이 일어난다. 소속감이 매우 강해진다. 팀 전체의 스케이팅 능력이 승부를 좌우하고, '우리'의 중요성을 깨닫는 등 정서 지능을 발달시킬 수 있는 요소가 많다. 아이의 첫 번째 운동이 스케이트였다면 연계해서 인라인·아이스하키를 배워 보길 추천한다.

### 피겨스케이팅

이미 우리나라에서는 많은 수요가 있다. 스케이팅을 예술적으로 승화시킨 종목이다. 스케이트를 타면서 신체를 이용한 표현 능력을 키운다. 스케이트를 신기 전에는 불가능해 보였던 기술을 배우고 익히며 도전하는 자세를 기를 수 있다.

솔뫼 스포츠에서는 학기별로 학부모들에게 운동능력평가보고서를 전송한다. 나는 균형 감각이 부족한 아이의 부모에게 인라인 스케이트를 배우게 하라고 추천했다. 아이는 자주 넘어지는 것을 속상해하며 스스로 극복하고 싶다는 생각을 하고 있을 거라는 믿음 때문이다.

스케이트를 신고 일어서고 앞으로 나아가는 것은 아이가 태어나서 걷게 되는 순간까지의 과정을 함축하고 있다. 세상에 대해 아무것도 몰랐던 아이가 하나씩 학습하며 도전하고 결국엔 성공한다. 사람에게는 언제 어떤 위기가 닥칠지 모른다.

위기를 학습하고 도전하며 결국엔 성공했던 스케이트의 경험을 통해 아이가 용기를 얻을 수 있는 기억을 만들어 주는 것은 어떨까? 그럼 아이는 어떤 상황에서도 넘어지지 않아야 했던 기억으로 인해 자신의 문제를 지혜롭게 해결해 갈 것이다.

# 07 농구: 자존감을 높여 주는 운동

인생은 자전거를 타는 것과 같다.
계속 페달을 밟는 한 넘어질 염려는 없다.
- 클라우드 페퍼

내가 농구에 처음 관심을 갖게 된 것은 초등학교 3학년 무렵이었다. 당시는 프로 농구가 출범되기 전이었다. 농구 대잔치라는 이름으로 TV를 통해 농구 경기를 접할 수 있었다. 붉은색을 좋아했던 나는 전희철(현 SK나이츠 코치)과 현주엽 선수가 하는 창의적인 플레이에 매료되어 고려대학교 팀을 응원했었다.

큰 키와 넓은 어깨를 가진 선수들이 쏘는 슛을 보면서 나도 농구를 해 보고 싶다는 생각이 들었다. 농구는 고학년들이 한다는 선입견으로 인해 학교 운동장에서 한 번도 서 본 적 없는 농구 골대 앞에 서게 되었다. 너무 높아 보였다. 선수들의 경기를 보면 쉽게 골을 넣는데 아직 키가 작아서 안 되겠구나 싶었다. 게다가 골대는 왜 이리도 작아 보이는지 막는 사람도 없는 농구보다 골키퍼가 있는 축구가 더 쉽게 느껴졌다.

그러던 어느 날이었다. 강아지를 데리고 산책을 나가다 우연히 집 앞 중학교 운동장에서 농구를 하는 친구와 그의 형을 보게 되었다. 나와 키가 비슷한 친구가 슈팅을 곧잘 하는 것이었다. 농구 골대 앞에 서자마자 포기해 버렸던 기억을 잊게 해 준 순간이다. 함께 농구할 친구가 없었던 나는 기회다 싶었다.

강아지를 빠르게 집에 데려다 놓고 운동장으로 뛰어나갔다. 운동화라곤 축구화밖에 없었던지라 축구화를 신고 부리나케 뛰어나갔다. 당시 친구와 형은 투 바운드라는 게임을 하고 있었다. 자신이 슈팅을 해서 골을 넣은 후 공이 두 번 튄 곳에서 연속해서 슛을 하는 규칙이었다. 이해하기도 쉽고 친구가 워낙 쉽게 골을 넣는 것을 보고 나도 껴 달라고 했다.

처음에는 슛하는 방법을 몰랐기 때문에 익살스러운 자세로 슈팅을 했다. 그러자 친구의 형이 공을 잡는 방법과 손목을 잘 써야 한다면서 슈팅 자세를 알려 주었다. 한 골도 넣지 못했던 나는 집에 가서 어머니께 농구공을 사 달라고 말했다.

농구가 키 크는 데 도움이 된다는 정보를 얻곤 안 그래도 사주려고 했다는 어머니의 말을 듣고 기쁨을 감추지 못했다. 다음 날, 내겐 농구공이 생겼다. 혼자 집 앞에 있는 중학교로 향했다. 어제 친구의 형에게서 배운 슈팅 자세와 손목을 써야 한다는 생각을 유지하며 연습하다 보니 제법 슈팅다워지는 느낌이 들었다.

태권도를 할 때 개구리 자세를 만들었던 기억과 비슷하게 하다 보니 된다는 느낌을 받았다. 골이 들어가기 시작했다. 돌이켜 보면 그날 해가 지고 집에 돌아와서 어머니에게 혼이 났었다. 거의 5시간쯤 혼자 농구 연습을 한 셈이었다.

그렇게 농구에 빠지게 되었다. 같은 학년에 농구를 좋아하는 친구가 몇 있다고 들었던 나는 그들 중 친분이 있는 아이에게 투 바운드 시합을 하자고 제의했다. 손목을 쓰는 방법을 깨달아서 지더라도 재미있을 것 같았다. 승패를 떠나 우린 친구가 되었고 거의 매일 농구를 하게 되었다. 그러다 친구에게서 NBA라는 컴퓨터 게임에 대해 듣게 되었다. 할 줄 아는 오락이 없었던 나는 난생처음 농구 게임에도 빠져 보았다.

매일 농구를 하던 어느 날 문득 농구 골대가 처음 보았을 때와 달리 높아 보이지 않았다. 키가 작아 할 수 없다고 포기했던 나 자신을 돌아보게 된 순간이었다. 나는 어머니께 내가 느낀 감정을 말했다. 그때 어머니는 이렇게 답해 주었다.

"사람들이 하는 일은 모두 실현 가능한 일이고, 열심히 노력하면 뭐든 잘할 수 있어."

야구, 축구, 농구는 가장 대중적인 스포츠다. 어린 나이에 농구도 잘하게 되면 나는 세 종목을 다 하는 거니까 인기가 많아질 것이라는 확신을 가졌다. 그리고 꾸준히 농구 연습을 했다. 매일 투 바운드로 슈팅 연습만 하다 보니 어느 순간부터는 제대로 된 경기를 하고 싶어졌다. 그러기 위해서는 실전에 쓰일 기술 연습이 필요했다.

농구에는 생소한 규칙이 많이 존재한다. 가장 이해하기 어려웠던 것은 공을 들고 연속적으로 걸을 수 없다는 것이었다. 공을 튀기면서 뛰어야 했기 때문에 드리블 연습이 가장 시급했다. 축구와 마찬가지로 농구에도 기초 기술과 응용 기술들이 존재한다.

드리블, 패스, 슈팅의 기초 기술을 할 줄 알게 되면 자연스럽게 응용 단계에 대한 도전의식이 생긴다. 상대의 수비를 피해야 슈팅이 가능하기 때문에 단조로운 기초 기술만으로는 농구를 잘할 수 없다. 나는 페이더웨이(fade away)라는 응용 기술을 잘 활용했다. 키가 큰 수비수보다 상대적으로 내 속도가 빠르기 때문에 슈팅을 제지하려는 방해 동작을 효과적으로 이겨 낼 수 있는 기술이었다.

농구의 가장 큰 매력은 각자의 신체적 특성에 맞는 포지션이 있다는 것이다. 키가 크고 속도가 느린 선수는 센터가 될 확률이 높고, 나처럼 키가 작고 민첩한 선수는 가드의 역할을 하게 된다. 마이클 조던과 같이 다양한 상황에서의 득점력과 드리블 능력을 모두 갖춘 선수에게는 포워드라는 포지션을 부여한다.

중학교 때부터는 케이블 TV를 통해 NBA 경기를 보게 되었다. 그러다 존 스탁턴이라는 선수의 플레이에 매료되었다. 사실 축구는 한 골도 들어가지 않는 0:0 승부가 가능하지만 농구는 그렇지 않다. 자신의 신체적 특징을 활용한 득점 루트가 굉장히 많다. 키가 작은 선수는 민첩하게 공간을 만들고 외곽에서 3점 슛을 쏘거나 포워드, 센터 등과 연계하는 플레이를 주로 하게 된다.

요즘 NBA 선수들의 경기를 보면 키가 큰 선수들이 3점 슛을 쏘는 경우도 많다. 하지만 아마추어 농구 팀의 가드는 키가 작은 경우가 많다. 3점 슛은 대체로 가드가 쏜다. 내가 가드에 빠지게 된 것은 경기를 지휘하는 지휘자의 역할이었기 때문이다. 일반적으로 외곽에 위치하는 가드는 가장 먼 거리에서 넓은 시야를 확보하고 있다. 가드가 훌륭한 팀은 매우 창의적으로 득점한다. 득점 창출 방식이 매우 다양하다.

존 스탁턴을 보며 어머니가 나에게 늘 말했던 속담이 생각났다. "작은 고추가 맵다." 강감찬 장군과 나폴레옹이 작은 키로 전장을 지휘하는 모습이 존 스탁턴에 의해 시각화되었다. 더 이상 나의 키를 원망하지 않았다. 오히려 이를 장점으로 활용하는 것이 멋지다는 생각을 하기 시작했다. 이는 높은 자존감을 유지할 수 있는 원동력이었다.

고등학교 1학년 체육시간에 농구로 수행평가를 한 적이 있다. 체육 선생님은 내가 농구를 잘할 것이라고 전혀 예상하지 못했다. 키 순서대로 팀을 편성했기 때문이다. 예선 첫 경기가 시작되었고 나는 여느 때와 마찬가지로 가드의 역할을 하며 우리 팀의 공격을 지휘했다. 많은 3점 슛을 성공시키고 창의적인 패스를 하며 구경하는 친구들을 놀라게 했다.

다음 경기를 앞두고 188센티미터인 상대 팀 친구가 나를 잘 막아야 한다고 속삭이는 것을 듣게 되었다. 우리 팀은 아슬아슬하게 그 팀 역시 이기게 되었다. 알고 보니 그 친구는 농구부에서 제의가 들어온 친구였다. 이후 그 친구는 자신과 내가 한 팀이 되면 전교 체육대회에서도 우승할 수 있을 거라고 말했다.

농구 골대 앞에 처음 선 날 도전할 생각조차 하지 못했던 내가 어느 순간 학교에서 손꼽히는 가드가 되어 있었다. 작은 키의 아이가 농구를 통해 높은 자존감과 성취의 행복을 알게 된 과정은 그리 험난하지 않았다. 오히려 잘할 수 있다는 마음으로 꾸준히 노력하면 무엇이든 할 수 있다는 믿음을 낳았다.

08

# 테니스: 장점을 활용하는 습관을 길러 주는 운동

맹인으로 태어난 것보다 더 불행한 것이 뭐냐고 사람들은 나에게 묻는다.
그때마다 나는 "시력은 있되 비전은 없는 것"이라고 답한다.
– 헬렌 켈러

대학을 중퇴하고 처음 운동 지도자가 되겠다고 다짐했을 때, 나의 가장 큰 단점은 운동선수 경력과 지도 경험의 부족이었다. 내가 하고자 하는 일을 멋지게 해내기 위해서는 그 두 가지의 단점을 보완하는 노력을 먼저 해야 했다. 아이와 축구를 아무리 좋아한다고 해도 지도 자격에 대한 의심을 받고 싶지는 않았다.

지도 경험을 쌓기 위해 시작한 아르바이트가 가장 먼저였다. 서울에 있는 모 초등학교에서 무급 단기 아르바이트를 하며 아이들을 지도했다. 친구들은 대기업에 하나둘씩 취업을 시작했다. 그들이 높은 연봉을 서슴없이 말할 때면 창피한 적도 있었다.

하지만 지금 생각해 보면 당시 내가 했던 경험은 돈보다 값진 가치가 있는 자산이었다. 이후 대한축구협회 지도자 연수, 각종 유아체육 연수, 스페인 지도자 연수, 한국축구과학회에서 주최한 공모전 참가 과정을 거치며 어느새 아동과 축구 전문가로 거듭난 나 자신을 발견했다. 비로소 지도자로서의 정당한 자격을 갖추었다고 생각하게 된 순간이었다.

사람의 마음에 공감하며 관계를 맺는 데 자신이 있던 나는 아이들의 다양한 마음을 이해하기 시작했다. 사업을 운영하며 학부모가 원하는 것이 무엇인지 연구하는 시간이 즐거웠다. 어느 순간부터는 지도자들이 원하는 교육이 무엇인지 알게 되었다. 그 결과 이 책을 쓰게 되었다.

이제 나의 경험과 노하우를 살려 많은 이들에게 선한 영향을 미칠 수 있는 메신저의 삶을 살아가려고 한다. 나는 단점을 스스로 극복하고 장점을 적극적으로 이용해서 행복한 직업을 선택했고 가치 있는 비전을 가지게 되었다.

자신의 장점을 파악하고 이용할 수 있다는 것은 삶을 설계하는 데 있어 매우 중요하다. 그리고 아이들로 하여금 자신의 장점을 파악하고 이용하는 습관을 들일 수 있게 하는 운동이 있다. 바로 테니스를 비롯한 라켓 스포츠다.

얼마 전 한국 선수로는 최초로 메이저 테니스 대회 호주 오픈 4강에 오른 정현 선수로 인해 국내에서도 테니스에 대한 관심이 높아지고 있다. 나는 중학교 2학년 때 테니스가 아닌 스쿼시를 통해 라켓 스포츠에 입문했다. 당시 체육 선생님이 테니스와 골프가 가장 배우기 힘든 운동이라고 했었다. 아마도 그 말을 믿고 첫 라켓 스포츠로 스쿼시를 택했는지도 모른다.

라켓 스포츠는 많은 활동량을 요구한다. 오래달리기 기록이 전교에서 두 번째로 좋았던 나에게는 안성맞춤인 운동이었다. 군복무시절 장군들의 테니스 경기에서 볼 보이를 하며 테니스가 재미있어 보인다고 막연하게 생각했다. 그래서인지 전역 후 테니스에 입문하게 되었다.

처음 테니스를 배울 때 스쿼시와 다르게 스윙 궤도에 따라 공의 움직임이 크게 달라지는 것을 느낄 수 있었다. 많은 연습을 필요로 했고 게임을 진행하는 데까지는 생각보다 오랜 시간이 걸렸다. 테니스를 배우는 많은 사람들이 어렵다면서 도중에 포기하는 이유가 바로 이 때문인 듯했다.

골프에 스내그가 있듯이 테니스를 쉽게 배울 수 있는 입문 프로그램이 있다. 바로 매직 테니스다. 테니스의 특성상 두 사람 혹은 네 사람이 공을 주고받는 시간이 길어야 다양한 움직임과 기술을 사용할 수 있다. 때문에 랠리(연속으로 주고받는 것)가 되지 않으면 흥미를 느낄 수가 없다.

매직 테니스는 랠리가 쉽게 이어져 흥미를 잃지 않도록 고안되어 있다. 따라서 어린아이들을 비롯한 초보자가 테니스에 입문하기 좋다. 일반 테니스 코트의 4분의 1 규격에서 게임이 이루어지며 라켓은 더 작고 공도 훨씬 가볍다.

4세 이하는 스펀지 볼, 5~8세는 레드 볼, 9~10세는 오렌지 볼, 10세 이상은 그린 볼로 공을 구분한다. 나이와 수준에 따라 크기와 압력이 다른 공을 쓴다. 연령이 낮아질수록 반발력이 낮은 공을 써서 속도가 느린 공을 치게 되는 원리다.

매직 테니스는 국제테니스연맹이 적극적으로 권장한다. 테니스가 가진 고유의 운동 효과를 아이의 수준에 맞게 그대로 흡수할 수 있기 때문이다. 테니스는 종목 본연의 특성으로 인해 아이로 하여금 다음과 같은 마음 습관을 갖게 한다.

첫째, 지피지기면 백전백승이다. 테니스는 축구와 마찬가지로 다양한 방향으로의 빠른 움직임이 요구된다. 빠르게 움직이는 과정 속에서 상대방의 습관적인 움직임을 파악할 수 있게 된다. 자신의 장점을 상대방의 습관에 대입하게 되면 승리를 위한 맞춤 전략이 나온다. 상대방이 속도가 느리면 최대한 많이 움직이게 하는 전략, 상대방이 힘이 셀 경우 안정적인 랠리를 이어 가며 지치게 하는 전략 등이 그 예다.

둘째, 소중한 것을 얻기 위해서는 노력이 필요하다는 것을 알게 된다. 테니스는 다른 종목과 달리 경기 시간이 일정하지 않다.

기록에 의하면 세계 최단 경기 시간은 20분, 최장 경기 시간은 11시간 5분이라고 한다. 특히 비슷한 실력끼리의 경기에서 시간이 길어진다는 의미는 서로 집중을 잃지 않으며 점수를 얻기 위해 최선을 다하고 있다는 뜻이다.

시간이 길어질수록 노력한 만큼 승리하고 싶다는 마음은 강해진다. 이런 과정에서 아이는 무언가를 얻기 위해서는 엄청난 노력이 수반된다는 것을 알게 되는 것이다.

셋째, 기회는 스스로 만드는 것이다. 나의 장점을 이용해서 전략적으로 움직여야 하는 것도 맞다. 하지만 자신의 전략대로 움직이기 위해서는 지속적인 랠리가 수반되어야 한다. 랠리 도중 상대의 단점이 노출되었을 때가 비로소 자신의 전략을 쓸 수 있는 순간이기 때문이다. 기회는 늘 오게 되어 있지만 자신이 끌어당겨야 한다는 것을 알 수 있게 된다.

얼마 전 JTBC 3 fox sports 채널을 통해 호주 오픈 그랜드슬램의 티저 영상을 본 적이 있다. 선수들의 인터뷰를 종합하면 다음과 같은 문장이 탄생한다.

"동기부여, 예측 불가능, 끈기, 집중력, 볼, 섬세함, 패턴, 파이팅, 정신력, 체력, 평정심, 동작, 힘, 열정, 테크닉, 즐기는 것, 체력,

테니스를 잘 치기 위해서 개발해야 하는 능력은 이렇게 광범위하다. 우리의 인생도 마찬가지다. 장점을 지니지 않은 사람은 없다. 아이가 자신의 장점을 알게 된다면 나머지 단점도 장점으로 바꾸고자 하는 의지가 길러진다. 이는 결국 훗날 자신의 인생을 설계하는 힘이 될 것이다.

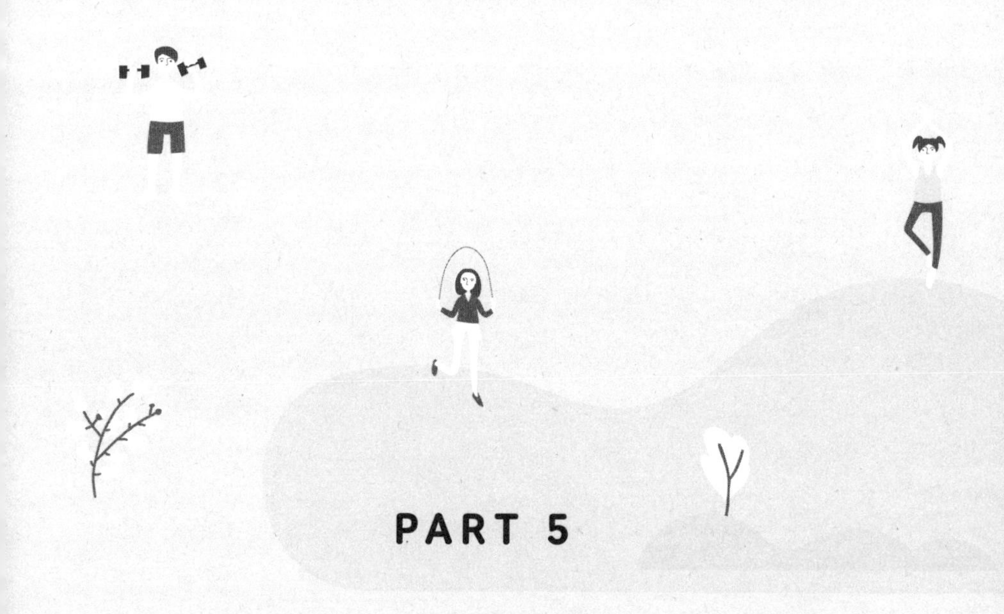

PART 5

# 운동하는 아이가 공부도 잘한다

01

# 운동하는 아이가 공부도 잘한다

그릇된 믿음들이 모여 우리의 삶을 불행으로 채우게 된다.

여덟 살 시우의 엄마는 고민이 많다. 이제 2학년이 되는 시우가 축구도 잘하고 공부도 잘하기 때문이다. 게다가 이타적, 적극적인 성격 덕에 친구들에게도 인기가 많다. 시우의 엄마는 앞으로 어떻게 진로를 결정해야 할지 나에게 물었다. 이제는 선택을 해야 하는 시기라는 말과 함께 말이다. 시우의 꿈은 축구선수다. 하지만 운동선수 출신인 시우의 아빠는 안 좋은 추억이 많다며 시우의 꿈을 반대했다. 공부에 한이 맺힌 과거 운동선수 출신들은 가끔 이렇게 자녀가 공부를 잘하면 운동을 잘해도 선수로 키우고 싶어 하진 않는다. 하지만 과거는 과거다. 지금은 세계적으로 학업과 운동을 병행하지 않으면 안 되는 시대다.

국제축구연맹(FIFA)의 유소년 선수 이적 규정 조항이 세계적인 흐름을 증명하는 대표적인 예다.

"(…) 클럽은 축구 관련 교육·훈련뿐만 아니라, 선수가 직업 선수로서의 활동을 마친 후에도 다른 직업을 영위할 수 있도록 학교교육 또는 직업 교육·훈련의 기회를 보장해야 한다."

실제로 시우가 공부와 운동 모두 잘한다는 것을 알고 있었던 나는 두 가지 목표를 정해 주었다.

- 축구 잘하는 우등생이 되어 TV에 나오는 사람 되기
- 공부 잘하는 축구선수가 되어 하들그림손(아이슬란드 축구 국가대표팀 감독, 치과 의사) 같은 멋진 사람 되기

나는 시우 엄마에게 시우가 두 가지 목표를 모두 이루고 싶어 한다고 답해 주었다. 그래서 공부와 축구를 그리도 열심히 하는 것이라고 말이다. 그리고 지금이 공부와 운동을 고민해야 할 나이는 아니라는 것을 나의 과거 사례를 통해 밝혀 주었다. 시우 엄마는 눈시울을 붉히며 시우의 꿈을 응원하기로 했다.

학창시절을 돌이켜 보면 공부와 운동은 서로를 이끄는 힘이 있었다. 친구를 사귀게 된 계기가 되었고, 함께 운동했던 에너지

는 공부할 때도 선의의 경쟁을 할 수 있는 힘이 되었다. 그리고 이런 힘은 대학교에 가서도 지속적으로 이어졌다.

대학에 입학했을 당시 우연히 고등학교 졸업식 날짜와 겹쳐 오리엔테이션에 참가하지 못했던 나는 친구가 없었다. 선배들은 나 같은 부류를 '아웃사이더'라고 불렀다. 그토록 꿈꿔 왔던 대학교를 혼자 다니기는 싫었다. 친구를 사귀고자 처음 가입한 동아리는 '르풋'이라는 축구 동아리였다.

가입 첫날, 신입생 환영회에 참가했던 나는 나처럼 축구에 미친 사람들이 많다는 것을 알게 되었다. 동아리 유니폼을 입고 학교 수업을 듣는 일은 비일비재했다. 수업이 끝나면 전체 운동이 없는 날에도 운동장에 모였다. 맨체스터 유나이티드의 경기가 있으면 공부하다가도 기숙사 휴게실에 모여 박지성 선수를 응원했었다. 술자리에서도 온통 축구 얘기뿐이었다.

그러던 어느 날 동아리 선배들이 교내 취업률이 제일 높은 동아리가 르풋이라는 말을 해 주었다. 나는 궁금했다. 이렇게 축구에 미쳐 있는 사람들이 공부는 도대체 언제 한다는 것인가? 시험기간이 되어서야 이 질문에 대한 답을 얻을 수 있었다.

선배들은 시험기간 2주 동안은 단체운동 일정을 잡지 않았다. 축구밖에 모르던 선배들과 친구들이 각 학번끼리 함께 모여 도서관으로 향했다. 대학교 1학년 때는 공부를 하지 않을 거라고 선언했던 나도 이런 분위기에 휩쓸려 자연스럽게 도서관에 동행하게 되었다.

그들은 자신이 좋아하는 축구를 즐겁게 하기 위해서 먼저 해야 할 것이 무엇인지 알고 있었다. 성취해야 할 목표를 이룬 후에 얻는 쾌감, 이는 운동을 하면서 몸에 밴 습관이었다.

선배들이 보여 준 건강한 마음자세는 동아리 내에서 계속 이어져 오던 전통이었다. 우리가 이어 가야 할 전통이기도 했다. 결국 대학 축구 동아리를 통해 맺은 인연은 단 한 명의 낙오자도 없이 원하던 직장에 취업했다.

학습(學習)은 배우고 익힌다는 뜻을 가진 한자어다. 배움에 대한 욕구는 인간이 가진 본능이다. 하지만 익히는 것은 노력을 수반해 스스로 하는 행동이다. 세상에 처음부터 공부를 좋아하는 아이가 얼마나 있을까? 아마도 극히 드물 것이다. 하지만 아이 성격에 맞는 적절한 동기부여가 주어진다면 달라진다. 나의 경우가 그랬다.

초등학교 때였다. 고학년이 되면서 숙제가 많아지기 시작했다. 학교가 끝나고 집에 오면 숙제하는 데만 1~2시간이 소요되었다. 매일같이 친구들과 축구나 농구, 야구를 하던 저학년 때와 생활 패턴이 바뀌어야 했다. 자연스럽게 앞으로 운동을 하지 못할 것 같은 불길한 예감이 들었다. 그로 인해 스트레스를 받는 모습을 보던 어머니께서 하루는 이런 말씀을 하셨다.

"학교에 다녀와서 숙제나 해야 할 공부를 빨리 해 놓으면 해가 질 때까지 운동할 수 있잖아."

나는 곰곰이 생각했다. 당시 학교를 마치면 친구들과 군것질하는 데 30분, 오락실에 들러 30분, 집에 와서 TV를 보는 데 1시간을 들인 후 숙제를 했다. 그러다 보니 숙제를 마치면 저녁이 되었다. 이는 매일 반복되는 일상이어서 주말 낮 시간 이외에는 운동을 할 수가 없었던 것이다.

다음 날 어머니의 말대로 실천해 보기로 했다. 숙제를 마치고 나니 오후 5시도 안 되었다. 농구공을 들고 집 앞에 있는 학교로 나갔다. 혼자 1시간 넘게 운동했다. 다음 날 친구들에게 학교 끝나고 각자 집으로 바로 가서 숙제를 하고 모여서 농구나 축구를 하자고 했다. 나를 포함한 4명의 친구는 같은 생각을 가지고 있었다. 우리는 날마다 해 질 녘까지 운동했다. 숙제를 누가 더 빨리 하는지도 내기했다. 공부에 있어서도 선의의 경쟁을 하는 사이가 되었던 것이다.

운동하는 아이는 소중한 점수를 얻기 위해 노력해야 하는 과정의 중요성을 잘 알고 있다. 그리고 점수를 얻었을 때의 성취감을 또 얻기 위해 스스로 노력하게 된다. 운동을 좋아하는 아이는 이런 마음 훈련이 되어 있는 것이다. 어릴 때 선의의 경쟁을 했던 친구들부터 대학교에서 만난 모든 인연까지 빠짐없이 건강한 사고를 지녔던 이유다.

공부는 내가 했지만 나를 공부하게 만든 것은 나 자신이 아니었다. 건강한 주변 환경과 나에게 맞는 적절한 동기부여였다. 간혹 어떤 부모들은 아이가 운동만 하고 공부는 안 한다며 걱정이 많다. 010.4115.7195로 연락하면 내가 조언을 줄 수 있다. 아이가 좋아하는 운동을 이용해 공부에 대한 동기부여가 가능하다. 운동하는 아이가 공부도 잘한다는 것을 직접 경험한 나의 노하우로 최고의 코칭을 해 줄 수 있다.

02

# 운동하는 아이는 공부도 즐겁게 한다

강력한 이유는 강력한 행동을 낳는다.

- 윌리엄 셰익스피어

학창시절, 시험이 끝나는 날이면 제일 먼저 운동장으로 달려 나가 친구들과 실컷 축구를 하고 고기 뷔페에 가곤 했다. 어머니는 시험이 끝난 주말이면 수고했다는 의미로 옷을 사 주셨다. 열심히 공부하면 그에 걸맞은 보상이 주어진다고 믿었던 나는 시험 기간이 되면 긍정적인 마음으로 공부에 임했다. 이런 마음가짐은 대입 수능시험을 준비하는 고등학교 3년 내내 이어졌다. 힘들 것이라는 예상과는 달리 즐겁게 공부하며 목표한 대학에 입학하게 되었다.

"피할 수 없으면 즐겨라."라는 명언이 있다. 나는 공부를 즐겁게 할 수 있는 이유를 운동에서 찾았다.

## 운동하는 아이는 선의의 경쟁을 즐길 줄 안다

모든 운동에는 점수와 승패 여부가 존재한다. 마찬가지로 공부에도 점수와 그로 인해 매겨지는 등수 혹은 등급이 있다. 때문에 운동하는 아이는 자신의 노력이 수치화되는 것이 낯설지가 않다. 더 높은 점수와 등수 혹은 등급을 얻기 위해 구체적으로 무슨 노력을 해야 하는지 알기 쉽다.

그 과정에서 또래집단 내 자신의 경쟁자를 선택하게 된다. 경쟁이란 서로를 의식하는 최고의 자극으로 자신의 능력이 한 단계 업그레이드되는 과정이다. 경쟁자가 함께 운동하는 친구라면 더욱 좋다. 공부뿐만이 아니라 모든 면에서 긍정적인 영향을 주고받을 수 있기 때문이다.

나에게는 그런 친구가 있었다. 공부를 함께 하며 도움을 주고받았다. 내가 어려워하는 문제를 친구가 알려 주면 나도 알려 주고 싶은 문제가 생긴다. 운동할 때부터 이어져 오던 마음 습관이다.

시험기간에는 친구가 우리 집에서 자는 날도 많았다. 불이 꺼진 방 안에 누워 꿈과 목표에 대한 얘기를 하면서 우정을 다질 수 있었다. 선의의 경쟁은 서로를 누르고 이기려 하는 것이 아니다. 오히려 서로의 부족한 점을 채워 주며 도움이 되는 관계를 형성하는 것이다.

축구를 할 때 친구가 공을 빼앗기면 내가 다시 빼앗아 패스했다. 친구가 자신감을 잃지 않길 바랐다. 우린 그렇게 공부했다. 성인이 된 지금도 내게 좋은 영향을 미칠 수 있는 친구를 두었다는 것이 감사하다. 그런 친구를 얻을 수 있었던 이유는 함께 운동하며 관계를 맺었기 때문이다. 선의의 경쟁을 즐김으로써 즐겁게 공부했기 때문이다.

운동 경기를 시청하다 보면 경기에서 졌을 때 우는 선수의 모습을 볼 수 있다. 승리를 성취하기 위해 했던 노력에 비해 좋지 않은 결과를 얻었기 때문이다. 반면 패배에도 담담한 경우도 있다. 이는 상대방이 승리를 위해 흘린 땀과 노력을 존중한다는 뜻이다.

나와 상대방의 노력을 존중하게 되면 최선을 다하는 습관이 생긴다. 운동을 지도하다 보면 승리하지 못한 이유를 노력의 정도 차이라고 가르칠 수 있는 상황이 많이 발생한다. 그렇게 경험한 패배의 감정은 자연스럽게 아이들에게 최선을 다하는 계기를 제공한다. 최선을 다해 승리한 이후에는 계속해서 승리의 감정을 느끼고 싶어 한다.

이를 공부에 적용하면, 성적이 오르면 내려가는 것을 스스로 용납하지 않는다는 의미가 된다. 성적을 올리기 위해서 자신이 했던 최선의 노력을 기억하게 된다. 이런 습관을 지니고 있는 아이는 공부를 수동적으로 하지 않는다. 스스로 목표를 설계하고 그에 수반되는 최선의 노력을 당연히 여긴다. 또한 노력의 정도가 갈수록 더해진다. 그래서 운동하는 아이의 경우, 한 번 오른 성적은 웬만하면 떨어지지 않는다.

## 배움에 대한 호기심이 곧 공부를 하는 즐거움이 된다

아이가 운동을 잘하고 싶어 제대로 된 배움을 얻는 과정은 크게 세 가지 단계로 나뉜다. 배우고, 익히고, 지도자의 피드백을 받는 것이 그것이다. 배우는 단계에서 아이는 새로운 사실을 깨닫게 되며 지적 호기심이 충족된다. 익히는 단계에서 지도자의 시범을 따라 하며 아이는 자신의 신체로 과제를 수행하는 습관을 지니게 된다. 마지막으로 지도자의 피드백을 통해 향상된 자신을 발견하게 될 때 아이에게는 배움의 즐거움이 생긴다.

아이가 공부를 어렵다고 단정 짓는다면 배움에 대한 막연한 두려움이 있기 때문이다. 이 3단계의 과정을 경험해 보지 못했거나 자신이 원하는 지적 호기심을 충족한 경험이 부족한 경우에 그런 생각을 하게 된다.

나는 부모님의 권유로 이과를 선택했고 첫 중간고사에서 물리 공부를 하며 큰 어려움을 겪었다. 생소한 개념들로 가득했던 학교 물리시간에는 나도 모르게 잠이 쏟아졌다. 한 문제를 푸는 데 너무 많은 시간이 걸렸다. 부모님께 요청해 인터넷 강의를 듣게 되었다. 다행히도 내가 원한 배움이었기 때문에 인터넷 강의 내용을 꾸준히 예·복습하며 내 것으로 만들기 시작했다. 서서히 학교 물리 수업 내용이 이해되기 시작했다. 설명을 들으며 고개를 끄덕이는 내 모습을 통해 스스로 향상된 자신을 발견할 수 있었다.

이런 경험은 어렵게 느껴지는 모든 과목에 긍정적으로 영향을 미쳤다. 무엇이든 배우기만 하면 내 것으로 만들 수 있다는 자신감을 가지게 했다. 자신감은 성적 향상을 도왔다. 2005년 수능시험에서 과학 탐구 영역 물리1 과목에서 1등급을 받게 되었다.

### 자기주도적 학습으로 이어진다

운동 습관은 자기주도적 학습으로 이어진다. 나는 나만의 공부법이 있다는 사실에 뿌듯했다. 이해가 잘되는 암기법, 오래 기억에 남는 공부법 등을 개발해서 친구들과 공유했다.

평소 음악을 좋아했던 나는 화학 공부를 하는 데 필수적으로 암기해야 할 원소 주기율표를 열 꼬마 인디언 동요 멜로디에 맞춰 쉽게 암기했다. 매일 아침, 어제 공부한 내용 중 기억나는 것들을 A4용지 한 장에 기록하는 습관을 들였다. 그렇게 기록한 기억은 쉽게 잊히지 않았다. 후에 이것이 누적 학습이라는 공부법임을 알게 되었다. 매우 과학적인 공부법이었다.

이렇게 만들어 낸 공부법은 친구들에게 인기가 많았다. 자연스럽게 "나는 이렇게 하니까 이해가 잘되던데?"라는 말과 함께 친구들에게 설명해 줄 수 있었다. 설명하면서 공부한 것을 다시 한 번 복습하게 되었다.

나는 공부를 자신과의 외로운 싸움이라고 단정 짓고 싶지 않다. 즐겁게 공부하는 방법을 알면 공부하는 것 자체도 취미가 될 수 있다. 운동하는 아이에게 공부를 억지로 강요하지 않았으면 한다. 아이가 운동하면서 얻는 깨달음을 공부에 적용할 수 있도록 돕겠다는 생각이 우선이다. 아이는 이미 즐겁게 공부하는 방법을 운동으로 익혔기 때문이다.

03

# 운동 습관은 공부 습관으로 이어진다

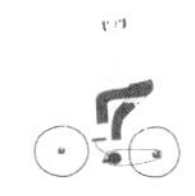

승자가 즐겨 쓰는 말은 "다시 한번 해 보자."이고,
패자가 즐겨 쓰는 말은 "해 봐야 별수 없다."다.

군대에서는 하루 일과가 종료되면 연등이라는 시간을 갖는다. 자기 전 한 시간 정도 자기계발을 하고자 하는 이들을 위해 공부방을 제공하는 문화다. 나는 연등 시간을 매우 알차게 활용했다. 입대 전 소홀히 했던 어학 공부를 주로 했다. 일기를 쓰거나 독서를 하며 제대 후의 삶을 설계할 수 있었다. 2년을 허송세월하지 않기 위해서는 자투리 시간 활용이 중요하다는 것을 알고 있었기 때문이다. 자투리 시간을 활용하는 것은 중·고등학교 때 시험공부를 하면서부터 몸에 밴 습관이다. 그리고 이런 습관은 운동을 하면서 길러졌다.

운동하는 사람은 무식할 것이라는 편견이 있다. 1990년대 후

반까지만 해도 운동을 하면 지도자가 시키는 대로만 하는 스파르타식 훈련을 받아야 했다. 때문에 운동하면서 스스로 얻을 수 있는 깨달음의 기회를 잃고 말았다. 그렇게 훈련된 이들은 당연히 의사결정 능력과 상황 판단 능력이 떨어질 수밖에 없다. 과거부터 이어져 오던 편견에는 운동을 했다는 게 문제가 되지 않는다. 지도자에게 세뇌된 수동적인 습관이 문제라는 것을 한 사람을 만나면서 알게 되었다.

2012년 파주 NFC 국가대표 트레이닝센터에서 진행된 대한축구협회 지도자 자격 연수과정에 참여했었다. 그곳에는 나처럼 아이들을 지도하고 싶은 마음을 가진 이들이 모였다. 연수 기간 동안 유난히 눈에 띄는 사람이 있었다. 그는 사람들 앞에서 자신을 이렇게 소개했다.

"저는 프로 축구선수의 꿈을 꾸었지만 부상으로 고등학교 때 선수생활을 그만두게 되었습니다. 성인이 되니 축구 말고 할 줄 아는 게 없는 현실이 너무 원망스러웠습니다. 술집에서 아르바이트를 하면서 뒤늦게 공부와 독서를 시작하게 되었습니다. 학문과 서적은 나에게 많은 가르침을 주었습니다. 지도자의 말만 따랐던 제 과거를 있는 그대로 받아들이고 나니 제가 해야 할 일이 무엇인지 알게 되었습니다. 저처럼 후회하는 축구선수가 없는 문화를 만들고 싶습니다. 아이에게 생각하는 능력을 길러 주는 축구 지도자가 되겠다고 결심했습니다. 그것이 이곳에 온 이유입니다."

나의 가슴이 뜨거워졌다. 나는 그와 함께 식사하며 쉽게 친해질 수 있었다. 짧은 연수 기간 동안 본 그는 남들보다 부지런했고 목표가 현실적이면서 구체적이었다. 나는 속으로 생각했다. '저 사람은 똑똑하게 운동을 했구나.'

운동을 한다는 것은 나와의 싸움을 통해 강해지는 과정이다. 이 과정에서 배운 것들은 마음속에 지혜로 자리 잡히게 된다. 공부가 머리를 지혜롭게 해 주는 과정이라면 운동은 마음을 지혜롭게 해 준다. 때문에 똑똑한 운동 습관을 지닌 이들은 이미 목표를 성취하는 과정에 대한 예행연습을 마친 셈이다. 이들에게는 운동 습관이라는 것이 존재한다. 그리고 운동 습관은 공부 습관뿐만 아니라 무언가를 성취하기 위한 자신만의 습관으로 발전된다.

나의 경우를 예로 들어 운동 습관과 공부 습관의 연관성을 말하고자 한다.

첫째, 운동이 지닌 일관성 있는 루틴을 인정함으로써 체계적으로 계획하는 습관을 지닌다. 준비운동→본 운동→마무리 운동으로 이어지는 일련의 과정은 모든 운동에 동일하게 적용된다. 운동이 지닌 일관성 있는 루틴이란 이를 뜻한다. 그리고 이는 모든 공부에 적용된다. 나는 수학 공부를 할 때 이런 루틴을 적절하게 이용해서 수능시험 수리 영역에서 좋은 성적을 거둘 수 있었다.

### 운동 루틴을 수학 공부에 적용한 예

1. 준비 운동: 교과서로 개념을 익히고 필수 예제 등 쉬운 문제를 풀었다.
2. 본 운동: 공부한 개념에 해당되는 참고서 연습 문제를 찾아 풀어 봤다. 모르는 경우에는 혼자 풀 수 있을 때까지 해설을 정독했다.
3. 마무리 운동: 모의고사 기출문제를 시간을 정해서 푼 후 오답 노트에 정리해서 개념과 응용력을 완벽하게 다졌다.

둘째, 운동에 소요되는 시간보다 목표량에 집중함으로써 효율적으로 시간을 관리한다. 성취는 목표가 있어야 한다는 전제하에 이루어진다. 고등학교 2학년 때 다이어트를 했던 적이 있다. 그 과정에서 한 달간 하루에 팔굽혀펴기 300개씩을 하겠다는 목표를 세웠다. 따로 운동 시간은 정해 두지 않았고 잠들기 전까지 300개를 하면 된다는 게 중요했다. 그러다 보니 1시간이나 2시간 운동 시간을 정해 두지 않고 자투리 시간을 이용해 다이어트에 성공할 수 있었다.

공부도 마찬가지였다. 고등학교 3학년 때는 하루 12시간을 공부해도 모자란다고 하는 말에 지레 겁을 먹었지만 매일 목표량을 만들었다. 당시 다녔던 독서실 내 책상에 하루 동안 해야 할 과목별 목표량을 포스트잇에 써서 붙여 놓았다. 그리고 한 과목씩 목표를 달성할 때마다 포스트잇을 떼었다. 나중에는 포스트잇을 떼는 재미에 빠지게 되었다.

집중이 잘되는 날에는 오후 6시가 되기도 전에 목표량을 달성하기도 했다. 그런 날은 기분 좋게 축구도 하고 독서를 하며 휴식을 취했다. 당시 함께 공부하던 친구는 밤 12시까지 버티라며 나를 말렸지만 목표한 바를 이룬 나는 웃으면서 쉴 수 있었다. 이런 습관으로 인해 스트레스를 덜 받았고 공부에 재미를 느꼈다.

셋째, 목표를 현실 가능한 범위 내에서 세우되 점차 발전시킨다. 운동은 자신을 있는 그대로 받아들이게 한다. 꾸준한 연습을 통해 자신의 한계를 높일 수 있다는 것을 알게 한다. 이런 습관이 몸에 배면 자신이 할 수 있는 목표를 세우게 된다. 함께 공부했던 친구 중 한 명은 무엇이든 계획을 지나치게 많이 세우고 늘 달성하지 못했다. 목표는 높을수록 좋다면서 말이다. 나는 꿈과 목표에 분명한 경계를 그었다. 꿈은 클수록 좋되 목표는 현실 가능한 범위 내에서 설정해야 한다고 생각했기 때문이다.

성취하는 습관을 들여야 도전에 대한 욕구가 생기고 목표의 난이도가 높아진다. 웨이트트레이닝을 할 때 처음부터 무거운 기구를 드는 것이 아닌, 근력을 키우면서 점차 무게를 늘려야 하는 것처럼 말이다. 이런 습관은 공부를 할 때도 마찬가지였다.

나는 고등학교 3학년 초반 영어 독해 능력이 가장 부족하다고 스스로 판단했다. 무턱대고 어려운 문제를 풀지 않고 쉬운 난이도의 문제집을 구매해 하루에 3개씩 풀기로 목표를 세웠다. 여름방학이 되기 전 나는 누적되는 어휘력의 증가로 인한 독해 실력 향상을 체감했다. 그래서 최고 난이도의 독해 문제집을 구매했다. 하루에 5개씩 목표를 늘렸다. 수능시험을 앞두고 한 달간은 하루에 10개씩 풀었다. 영어 독해 문제를 풀 때는 30분이라는 시간을 정해 두었다. 같은 시간 동안 많은 문제를 푸는 연습이 집중력을 향상시키는 방법이라고 생각했기 때문이다. 이렇게 분량을 늘리면서 공부하다 보니 가장 어렵다고 느꼈던 외국어 영역에 자신을 갖게 되었다. 결국 수능시험에서 1등급을 받게 되었다.

학원에서 알려 주는 공부법은 나와 맞지 않았다. 나는 효율적으로 공부했다. 돌이켜 보면 운동을 통해 몸으로 익힌 습관들이 나의 공부 습관을 만들었음을 느낀다. 그리고 그 공부 습관은 지금은 일하는 데 적용된다. 매년 나아지는 사업의 성과를 통해 내가 지닌 습관에 대한 믿음은 더욱 굳건해지고 있다.

# 04 하루 1시간의 운동은 성적 향상에 도움을 준다

죽어 가는 노인은 불타고 있는 도서관과 같다.
- 아프리카 속담

나는 학창시절 벼락치기 공부에 익숙하지 않았다. 시험기간이 되더라도 12시를 넘기지 않았다. 밤새워 공부할 바에는 효율적인 시간관리를 하며 집중력을 기르려고 노력했다. 돌이켜 보면 좋은 성적을 만들어 낸 원동력은 체력이었다. 고등학교 3학년 수능시험 한 달을 앞두었을 때는 중·석식 시간을 이용해서 축구를 했다. 당시 학년 주임 선생님은 내게 이런 말을 했다.

"쉬는 시간도 아껴 가며 공부하는 친구들을 봐라. 좋은 대학 가긴 글렀네."

수능시험 당일 컨디션을 위해 12시에 자고 6시에 일어나는 습관을 들이기 위한 전략이었는데 말이다.

운동을 꾸준히 한 이들은 자신만의 신체리듬을 기억하고 컨디션을 조절할 줄 안다. 나 역시 마찬가지였다. 규칙적인 생활 습관을 몸에 지니고 있어야 공부할 때 집중력과 기억력이 극대화된다는 것을 알고 있었다.

규칙적인 생활 습관을 지니기 위해 가장 중요한 것은 일관성 있는 수면시간이다. 나의 경우, 하루 1시간의 꾸준한 운동은 일관성 있는 수면시간을 유도하는 데 도움을 주었다. 그리고 수면은 공부할 때의 컨디션에 큰 영향을 미쳤다. 나의 생각을 과학적으로 증명해 준 기사가 있다.

"잠은 꼭 필요하다. 에너지 비축과 효율적 사용 등 여러 가지 이유로 설명하지만 정말 잠이 필요한 이유는 뇌를 위해서다. 산화물질이나 노폐물을 제거해 뇌를 보호하고 기억을 단단하게 저장하기 위해서는 잠이 꼭 필요하다.

잠은 크게 눈동자를 빨리 움직이면서 자는 렘수면(REM Sleep, Rapid Eye Movement Sleep)과 그렇지 않은 비렘수면으로 구분된다. 잠이 들면 I, II, III, IV단계의 비렘수면이 지나고 렘수면에 들어간다. 하나의 수면 주기는 약 90분에서 110분간 정도다. 자는 동안 이런 수면 주기가 4~5차례 지나간다.

수면 주기가 반복될수록 깊은 단계의 비렘수면이 줄어들고 렘수면이 길어진다. 렘수면에서 뇌파는 깨어 있으면서 쉬는 상태의 뇌파와 비슷한 모양을 나타낸다. 대부분의 꿈은 이 기간에 많이 꾸게 된다. 이때 잠에서 깨면 생생하게 꿈을 기억하는 경우가 많다.

기억 중에서도 본인이 경험한 사건에 대한 기억이나 의미를 가지는 기억은 의식이 있고 깨어 있는 동안 머리에 등록되고 정리된다. 하지만 기억으로 저장되기 위해서는 기억의 경화라는, 기억을 단단하게 만드는 과정이 필요하다. 그런데 이는 주로 비렘수면 동안 일어난다. 반면에 수순이나 절차가 필요해 몸이 익혀야 하는 기억이나 원초적 반응에 관계되는 기억은 주로 렘수면 기간에 단단해지며 의식과 관계없이 반응한다.

공부는 의미를 기억해야 하는 경우가 많으므로 잠을 충분히 자야만 기억이 오래 간직된다."

-《이코노미 조선》 2017년 4월 196호 'CEO의 뇌 건강 편' 중에서

내 생각을 과학적으로 증명해 준 기사를 보고 하루 1시간씩 했던 운동, 그로 인해 갖게 된 규칙적인 수면 습관이 내 공부에 미쳤던 영향을 구체적으로 정리해 보았다.

### 배우고 익히는 속도가 빨라진다

지나친 운동으로 젖산이 과다하게 누적되면 컨디션이 저하될 수 있다. 하지만 하루 1시간 정도의 운동은 피로를 유발하지 않는다. 오히려 활력이 넘치게 된다. 이는 능동적인 수업 자세로 이어진다.

학교 수업이 지루하다고 생각하는 아이는 몰래 엎드려 자거나 꾸벅꾸벅 졸게 된다. 하지만 능동적으로 배우고 싶다는 생각을 하는 아이는 뒷자리에 앉아서도 교사와 눈으로 상호작용을 하며 수업을 듣는다.

수업시간에 다른 책을 펴고 열심히 공부하는 친구가 있었다. 쉬는 시간에도 공부에 열중했다. 그런데 그 친구는 매번 시험기간만 되면 밤을 새우며 벼락치기를 하는 것이었다. 반면 나는 수업시간에 충실했다. 쉬는 시간에는 공부하지 않았다. 집에 오면 오늘 배운 것을 복습하고 문제를 푸는 형식으로 공부했다. 집에서 하는 공부 시간은 1시간도 채 되지 않았다. 이런 습관이 누적되었다. 그리고 이는 굳이 시험기간에 밤을 새우지 않아도 좋은 성적을 거둘 수 있었던 이유가 되었다.

### 운동과 샤워 후의 30분은 최상의 집중력이 발휘되는 골든타임이다

체육시간이 끝나면 쉬는 시간 동안 친구들과 차가운 물로 등목을 했다. 그러고 나서 몸에 베이비 로션을 발랐다. 적당한 습기와 아늑한 향은 기분을 상쾌하게 해 주었다. 나는 공부를 즐길 수 있는 심리 상태를 만들기 위해 같은 과정을 반복했다.

나는 운동으로 흘린 땀과 노폐물을 제거하고 닦아 낸 후 잡념이 생기지 않는 맑은 상태를 유지하려는 습관을 갖게 되었다. 이 습관은 지금도 최상의 집중력을 발휘해야 할 때마다 시행하는 나만의 노하우다.

이런 심리 상태에서 공부하게 되면 몸이 가렵다거나, 씻고 싶다거나, 운동을 하고 싶다거나 하는 등의 생각이 들지 않는다. 공부에 대한 동기부여가 상대적으로 더 되기 때문에 집중력이 높아질 확률이 있는 것이다.

나는 샤워 후 30분 동안 평소 어려워했던 문제를 풀거나 수학 개념 공부를 했다. 특히 수학은 원리를 이해하고 응용해야 하기 때문에 모든 집중력을 끌어모아야 오래 기억되었다. 운동이 끝나고 샤워 후의 30분은 최상의 집중력이 발휘되는 골든타임이다. 이를 잘 이용한 결과 시간을 효율적으로 관리할 수 있었고 공부에 재미를 붙일 수 있었다.

### 안정적인 신체리듬은 긴장을 완화시켜 실전에 강해지도록 한다

열심히 공부하고 문제는 잘 푸는데 시험 성적이 좋지 않은 친구가 있었다. 그 친구는 시험 당일만 되면 너무 긴장한 탓에 쉬운 문제 틀리기를 반복했다. 친구는 시험 전주부터 잠을 이루지 못했고 뜬눈으로 밤을 지새웠다. 정신이 맑지 않은 상태에서의 긴장감은 시험을 보는 데 부정적인 요인으로 작용한다.

2005년 수능시험 전날이었다. 독서실은 여느 때보다 더 붐볐다. 자습실 분위기는 조용하다 못해 삭막했다. 괜히 긴장이 되기 시작했던 나는 인터넷 강의실로 갔다. 과목별로 모의고사 기출문제를 실전이라고 생각하고 풀었다. 시간에 맞추어 예행연습을 한 것이었다. 스톱워치에 맞춰 놓은 시간이 끝나면 풀지 못한 나머지 문제는 틀린 거라고 생각했다. 실전에서 같은 상황이 일어났을 때 당황하지 않으려는 마음을 가지기 위해서였다.

밤 10시가 되어 집에 도착했다. 어머니는 나에게 긴장하지 말라고 기도를 해 주셨다. 최선을 다한 모습을 인정할 테니 성적에 맞게 대학에 가면 된다고 했다. 한 달 전부터 들였던 습관으로 인해 12시가 되기 전에 잠들었다. 여느 때와 마찬가지로 편안하게 숙면을 취했다. 수능 당일에는 영어 단어장, 그리고 물통만 챙겨서 집을 나왔다.

시험은 실전이다. 열심히 공부한 모든 과정을 단 하루 동안 쏟아 내야 하는 엄청난 행사다. 그렇기 때문에 시험 당일의 컨디션은 그 무엇보다 중요하다. 안정적인 신체리듬을 보유했던 나는 늘 실전에 강했다. 결국 성적은 실전에 강한 사람이 좋다는 것을 명심해야 한다.

공부는 머리로만 하는 것이 아니다. 나는 하루 1시간 운동을 함으로써 머리와 몸 그리고 마음으로 공부하는 법을 터득했다. 이는 성인이 된 지금 일에도 적용되는 법칙이다. 공부를 열심히만 하는 것이 아니라 즐겁게 잘하는 아이로 만들고 싶다면 내가 경험한 법칙을 적용해 보길 바란다.

# 03 운동 습관은 자기주도학습으로 연결된다

진정한 자유는 내 생각으로부터의 자유다.

나는 7차 교육과정의 첫 세대다. 7차 교육과정은 절대평가가 아닌 상대평가 점수를 이용하는 표준점수제도와 총점보다 등급을 우선시하는 교육 정책이다. 바뀐 정책에 따라 어떤 전략으로 공부해야 좋은 성적을 거둘 수 있을지 언론은 연일 다양한 보도를 쏟아 냈다. 학교에서 주최하는 7차 교육과정 설명회에 많은 부모들이 참석했다. 변화에 민감한 이들은 예전과 달라진 정책이 지닌 문제를 제기하며 학생들을 동요시키기도 했다.

나는 문득 이런 생각이 들었다. 어차피 전국의 모든 학생들이 같은 상황에 처해 있는데 무엇이 문제가 되는가? 실제로 변화된 정책에 맞게 교과서의 내용도 변경되었다. 학생들은 그에 따라 공부하면 문제될 것이 없지 않은가? 그렇게 고등학교 생활은 시작되었다. 나는 변화된 가이드라인에 따라 묵묵히 공부를 시작했다.

그때의 마음가짐을 비 오는 날의 운동 경기에 빗대고 싶다. 일명 수중전. 젖은 땅에서 축구를 하게 되면 공의 속도가 평상시와 다르다. 띄워 차는 공은 땅에 닿으면 불규칙하게 튄다. 골키퍼의 손은 미끄러워 슈팅을 막기가 어렵다. 그래서 패스는 더 정확하게 발밑으로 줘야 하고 슈팅을 많이 할수록 기회가 창출된다. 모든 선수가 같은 상황이다.

자기주도적이라는 단어는 외부적인 요소에 의존하지 않고 자기 스스로 무언가를 이끌어 내는 경우에 쓰인다. 때문에 자기주도적인 마음을 지닌 아이는 어려운 난제 혹은 변화에 직면했을 때 스스로 생각하고 해결하려는 마음가짐을 지니고 있다. 운동은 아이로 하여금 자기주도적인 마음을 지니게 한다. 나아가 공부부터 인생을 설계하는 데까지 전반적으로 영향을 미친다. 그렇다면 운동 습관은 어떤 형태의 자기주도학습을 이끌어 낼 수 있을까?

### 능동적으로 배우고 최선을 다해 익힌다

몸을 사용해야 하는 운동의 특성상 수업 중 지도자의 말에 집중하지 못하면 운동을 배울 수가 없다. 반면 지도자의 교육에 잘 따르면 처음 배우는 것일지라도 변화하는 것이 느껴진다. 때문에 능동적으로 배워야 잘할 수 있다는 것을 스스로 느끼게 된다. 이런 습관을 공부에 대입하면 능동적으로 배움에 임하는 자세로 이어진다. 수업시간에 교사의 설명을 듣는 데 능동적이다.

배운 것은 내 것으로 만들기 위해 익혀야 한다. 이 과정을 운동에서는 자율 훈련이라 칭한다. 운동을 통해 능동적으로 배우고 최선을 다해 익히는 습관을 기른 아이는 공부할 때 다음과 같은 학습과정에 즐거움을 느낀다.

- 배운 개념을 복습하면서 내가 이해한 내용이 맞는지 확인한다.
- 이해한 내용을 토대로 문제를 풀며 응용력을 키운다.
- 난이도가 높은 문제에 도전하며 실전(시험)에 나올 수 있는 다양한 변수에 대비한다.

나는 수업시간에 조는 것보다 일찍 자는 것이 훨씬 유익하다고 믿었다. 그래야 배우는 데 드는 시간을 아낄 수 있고 학교에서 부여하는 자율학습시간을 효율적으로 활용할 수 있다. 최선을 다해 익히는 것이 습관이 되었던 나는 언젠가부터 자율학습이 즐거워지기 시작했다.

### 주어진 상황에 적합한 목표를 세울 수 있다

모든 운동에는 체력을 관리하고 경기를 구성하는 요소와 변수에 대응하는 맞춤형 전략을 세우는 게 목적인 브레이크 타임

(break-time; 휴식 및 작전 시간)이 존재한다. 이는 계획을 설계하는 데 있어 현실적이고 구체적인 습관을 지니게 한다. 1시간이 주어졌다면 지금 나에게 필요한 공부가 무엇인가? 그 답을 내리는 방법은 쉬웠다.

집중이 잘되는 기분을 유지하고 있다면 내가 취약한 어려운 공부에 손을 댔다. 피곤, 짜증 등의 부정적인 감정이 있을 때는 음악을 들으며 쉬운 공부를 택했다. 매일 쉬운 공부와 어려운 공부를 혼합한 계획을 세웠다. 그로 인해 주어진 시간을 버리지 않고 공부할 수 있었다. 밤을 새워 공부하지 않고 안정적으로 6시간 수면을 생활화할 수 있었던 이유이기도 하다.

가령 차를 타고 서울에서 부산까지 여행을 간다고 가정해 보자. '3시간 안에 도착해야지'라는 목표를 세우는 경우, 운전자의 심리가 촉박해진다. 또한 생리현상도 참아야 하는 등 다양한 변수가 도사린다. 또한 3시간 안에 도착하지 못하면 거의 다 도착했는데도 찜찜한 기분이 든다. 그러면 동승자까지 예민해지고 여행 첫날부터 부정적인 감정과 피로감이 몰려오기 시작한다.

하지만 '휴게소에 두세 번 들르고 점심시간쯤 도착해야지'라는 목표를 세우게 되면 운전자와 동승자 모두 마음이 느긋해진다. 차가 막히면 휴게소에서 아침 겸 점심을 먹고 목적지에 도착해서 저녁을 먹으면 된다는 생각에 현실적으로 계획을 수정하게 된다. 그러면 휴게소에서의 시간 역시 추억이 되어 즐거운 여행길이 될 것이다.

나 역시 공부가 되지 않을 때는 마음을 느긋하게 먹고 컨디션을 회복하는 데 집중했다. 잠시 운동을 하고 샤워를 한 적도 있었다. 돌이켜 보면 내가 가졌던 이런 마음은 지혜롭게 자기주도적 학습을 함으로써 공부를 즐겁게 할 수 있었던 원동력이었다. 그리고 이는 변수를 있는 그대로 받아들이고 상황에 맞는 전략을 짜는 운동 습관으로 인해 갖게 된 마음이었다.

### 자신을 속이며 공부하지 않는다

운동을 하며 객관적으로 나를 파악하고 목표 성취를 위해 최선을 다하는 습관은 지금까지도 내 인생에 영향을 미치고 있다. 다음 두 가지는 공부할 때 도움이 된 건강한 마음가짐이다.

- 하나의 성취가 또 다른 성취를 불러일으킨다[illegible]
- 나 자신에게 인정받는 게 가장 중요하다는 [illegible]

학교에서 모의고사를 보면 내 점수가 적나라하게 공개되곤 했다. 쉬는 시간이면 등수를 매기는 등 타인의 성적에 관심이 많은 친구들도 있었다. 하지만 내게 모의고사는 늘 연습이었다. 실전은 수능시험이었다. 때문에 모의고사를 볼 때는 최근 조금 더 비중을 많이 둔 공부의 성적이 중요했다. 가령 전체 등수가 올라도 내가 목표한 수리 영역의 점수가 향상이 안 되었다면 실패한 모의고사인 셈이다.

나의 장단점을 객관적으로 파악하는 것은 자기주도적 학습이 이루어지기 위한 필수 과정이다. 단점을 보완하는 것이야말로 장점을 만드는 것이기 때문이다. 공부는 어렵지만 성취할 수 있는 과제라는 것을 학년을 거듭하면서 알게 되었다. 때문에 식은 죽 먹기인 문제 풀이에 1시간을 쏟지 않았다. 시간을 때우며 공부한 양과 시간을 늘리는 것은 나 자신을 속이는 행위라고 생각했다. 3시간을 공부해도 몰랐던 개념을 깨우치는 것이 더 낫다고 생각했다. 이 과정에서 나에 대한 믿음은 더욱 강해졌다. 나는 나 자신에 대해 엄격해지고 있었다. 반면 어제보다 높은 목표를 세우며 점차 발전하고 있는 나를 발견하는 것이 즐거웠다.

이런 마음 습관은 현재의 나에게도 적용되었다. 운동선수 출신이 아니었기 때문에 노력을 인정받기 위해서는 많은 시간이 필요했다. 그즈음 〈한국책쓰기1인창업코칭협회〉의 김태광 대표 코치를 만나게 되었다. 그는 내게 책을 써서 나의 노하우를 세상에 알릴 수 있는 충분한 자격이 있다고 응원해 주었다. 스펙과 인맥이 없다는 단점으로 인해 더 많은 장점을 만들었던 나이기에 그의 말은 더 깊게 다가왔다. 김태광 대표 코치는 나에게 책 쓰는 방법뿐만 아니라 더 큰 꿈과 목표를 세우고 그것을 이루기 위해 행동하는 비법까지 모두 전수해 주었다. 이 자리를 빌려 나의 모든 경험과 지식을 담은 이 책을 펴낼 수 있도록 도움을 주신 김태광 대표 코치에게 감사를 전한다.

운동 습관은 자기주도적 학습으로 이어진다. 자기주도적 학습에 익숙해진 이들은 자신을 사랑하는 만큼 자기계발에 힘을 쏟는다. 이들은 높은 자존감을 지니고 무엇이든 적극적으로 해내려고 한다. 자신이 가진 능력을 극대화시킬 줄 알기 때문에 어딜 가나 인정받고 멋진 이미지로 남게 된다. 당신의 자녀를 그렇게 키우고 싶지 않은가?

06

# 적절한 운동은 정서적 능력 성장에 도움이 된다

힘이 드는가? 그렇지만 오늘 걸으면 내일 뛰어야 한다.
– 카를레스 푸욜

일본에서 유래된 만다라트 계획법을 들어 보았는가? 이 기법은 2016년 일본의 야구선수 오타니 쇼헤이에 의해 집중 조명되었다. 운동선수의 목표 달성 기술이 얼마나 구체적인지를 보여 준 사례였다. 이후 나 역시 만다라트 계획표를 만들어 인생의 구체적인 목표를 세우게 되었다.

당시 나는 선한 영향력을 미치는 기업가가 되겠다는 큰 목표를 중심으로 여덟 가지 작은 목표를 세웠다. 지금도 마찬가지이지만 하나씩 실천해 나가고 있다. 이 과정에서 어릴 적부터 배어 있던 긍정적, 이성적인 마음 습관이 나에게 선물한 거대한 잠재력이 어떤 것인지 깨닫게 되었다. 이런 마음 습관은 심리 상태에서 출발한다. 나의 경우 적절한 운동을 통해 얻은 안정적인 심리 상태,

안정감을 지니고 있었다.

적절한 운동이란 무엇인가? 사람은 남녀노소 생체리듬과 호르몬 분비에 의해 감정이 조절되곤 한다. 학자들은 스트레스 호르몬인 코르티솔의 분비를 억제하고 긍정의 감정을 불러일으키는 DHEA 호르몬의 균형을 이루기 위한 가장 좋은 방법은 운동이라고 한다.

이때 생기는 감정이 바로 안정감이다. 개인차는 있겠지만 안정감을 불러일으킬 정도의 운동이 적절한 운동이다. 감정은 생활과 관계에 직접적인 영향을 미치게 된다. 안정감을 가진 아이들에게는 다음과 같은 세 가지의 힘이 있다.

### 사람을 이끄는 힘

즉, 리더십이다. 운동은 아이로 하여금 건강한 승부욕을 지니게 한다. 희생정신, 자신감, 매사에 최선을 다하는 자세, 이 세 가지는 미래의 리더가 가져야 할 필수 요건이다.

나는 공부의 목적이 취업이라고 생각하지 않았다. 선한 영향력을 미치는 위대한 사람이 되기 위한 관문이라고 생각했다. 공부를 어려워하는 친구가 나에게 도움을 요청하면 흔쾌히 내가 열심히 공부한 지식을 나눠 주었다.

지식과 정보를 나누는 행위는 그때부터 지금까지 이어지고 있다. 나는 CEO의 역할이 조직원에게 비전을 심어 주고 그들의 잠재력을 키워 주는 것이라고 믿는다. 사업 초창기부터 내가 겪어 온 각종 사례들을 통해 얻은 지혜를 직원들에게 주기적으로 교육해 주어야 한다는 책임감을 느꼈다. 그들이 나의 교육을 즐겁게 받아들이고 나 또한 그들과 함께 꿈을 공유하고 있다는 사실은 사소한 위기들을 버텨 내는 데 큰 힘이 되었다.

지금도 적절한 운동을 통해 내 심신의 안정을 유지하고 있다. 그 안정감은 존경받을 만한 성품을 갖추기 위한 끊임없는 자기계발로 이어진다.

학창시절 공부만 잘하는 아이들은 재수 없다는 선입견을 가진 친구들이 많았다. 그들은 공부에 대한 압박감과 성적에 대한 지나친 집착으로 주위를 둘러보지 못했다. 운동으로 심리적인 안정감을 형성하고 공부하는 습관을 지닐 수 있었다면 주변을 이끄는 리더가 되었을 텐데 말이다.

### 화를 다스리는 힘

아이들을 지도하다 보면 가장 많이 겪게 되는 상황은 다름 아닌 '다툼'이다. 어린아이들에게 화가 났을 때 그 화를 표출하는 것은 중요하다. 표출하지 않으면 마음에 독이 되어 예상치 못한 방식으로 터져 나오는 경우가 있기 때문이다. 남자아이의 경우 한 아이가 의도치 않게 다리에 걸려 넘어졌다고 하자. 그러면 그 아이는 자신을 넘어뜨렸다는 생각에 상대방에게 똑같이 되갚아 주려는 형태의 다툼이 일어난다. 하지만 이는 잘못된 복수의 연속이다. 이런 경험이 축적되면 물리적인 폭력의 위험성을 인지하지 못하는 습관이 생겨 점차 폭력적인 모습을 지니게 된다. 사실 만 6세 이전의 아이들은 지도자가 잘 중재해 준다면 큰 싸움을 일으키지 않는다. 하지만 문제는 공동체생활에서 우열관계를 형성하는 그 이후 연령대의 아이들이다.

나는 아이들에게는 자신이 화가 난 것을 주변에 알리고자 하는 욕구가 있다는 가설을 세웠다. 그래서 초창기에 수업 시작 전 화풀이 구역을 만들어 놓았다. 화풀이 구역에는 골대 하나와 여러 개의 공을 두었다. 화가 풀릴 때까지 슈팅을 세게 하고 오라고 했다.

화가 난 친구들은 그 구역으로 뛰어가 슈팅을 하고 왔다. 그로 인해 씩씩거리며 물리적인 다툼을 일으키는 경우는 줄어들었다. 하지만 장기적으로 보았을 때 이것만으로는 아이들의 폭력성을 제지할 수 없다고 느꼈다. 그래서 시작한 것이 수업 종료 시의 피드백 때 실시하는 감정표현이었다.

"경기 중에는 매서운 호랑이가 되고 경기가 끝나면 순한 양이 되라."라는 말이 있다. 나는 아이들에게 운동 중 다툼의 원인과 결과 그리고 쌍방의 입장에 대해 상호 이해하는 습관을 길러 주고 싶었다. 자연스럽게 갈등을 해소시키며 세상엔 나 혼자의 생각만 존재하는 것이 아님을 알려 주고 싶었다.

내가 쓴 방법은 신체적 표현을 통해 스스로 화를 다스리는 방법과 운동의 요소를 이용해서 서서히 화를 가라앉히는 방법이다. 미칠 듯이 기분이 나쁘다가도 공원을 장시간 걷거나 좋아하는 운동을 하다 보면 기분이 좋아지는 것을 경험할 수 있다. 적절한 운동을 하며 자라난 아이는 자신의 화를 최소한 이 두 가지의 방법으로 다스릴 줄 알게 된다. 성장하면서 받게 되는 고강도의 스트레스도 물론 이에 해당된다.

### 더불어 사는 것을 이용할 줄 아는 힘

어느 순간부터 다양한 심리 용어가 나타나기 시작했다. 특히, 자신의 생각으로 인한 타인의 권리 침해를 당연시하는 소시오 패스와 상대방의 감정에 전혀 공감하지 못하는 아스퍼거 증후군은 범죄로 이어질 수 있는 위험한 상태다. 이 두 가지는 충분한 의사소통의 기회를 부여받지 못하고 자란 이들에게서 발생한다. 가정 내에서의 일방적인 의사소통이 매우 위험하다는 단적인 예이기도 하다.

운동은 아이에게 자연스럽게 의사소통의 기회를 부여한다. 승리하기 위해 작전을 짜고 서로의 장단점을 적절하게 융합할 수 있는 대화의 시간이 많다. 이 과정에서 아이는 나와 상대방의 객관적인 심리 상태를 파악하게 된다. 공통의 목적은 승리이기 때문에 승리하기 위해 내가 해야 할 행동과 하지 말아야 할 행동을 구분하게 된다. 이러한 운동의 특성을 즐기는 아이들은 더불어 사는 것의 진정한 의미를 깨닫게 된다.

돌이켜 보면 인생을 살아가는 데 있어 학업보다 중요한 것은 정서 능력이었다. 얼마 전 금융상품을 설명하는 상담원에게서 전화가 왔다. 나는 바쁘다는 이유로 수차례 통화를 거절했다. 퇴근 후 차 안에 홀로 앉아 휴대전화를 봤더니 개인정보보호를 위한 전화였다. 미안한 마음에 사과 문자를 보냈다. 나 하나 때문에 4시간 동안 다른 일을 하지 못했을 거라는 생각이 들었기 때문이다. 그동안 많은 부모들을 상대했던 나 역시 감정노동자의 비애를 알기 때문에 더욱 미안했다. 그녀는 고맙다는 답장과 함께 커피 기프티콘을 보내왔다. 당연하다고 생각한 자신의 고충을 이해해 주는 고객을 만나 행복하고 오늘 하루의 스트레스가 싹 가신다면서 말이다. 머쓱하면서도 뿌듯했다. 내가 먼저 손을 내밀었을 때 돌아오는 보상은 느껴 보지 못한 이들은 모를 것이다.

아이들이 살아갈 미래는 모든 사회구성원이 각자의 역할과 지위를 존중하는 시대이길 바란다. 모든 아이들은 적절한 운동으로 심리적 안정감을 유지하며 지금보다 정서적 능력이 더욱 향상되어야 한다. 우리 아이들이 살아가야 할 시대는 적어도 지금보다는 건강해야 하니까.

07

# 방과 후 프로그램과 스포츠 교실을 활용하라

자기 자신을 신뢰하는 자는 군중을 지도하고 지배한다.
– F. 호라티우스

얼마 전 아버지와 내 아들의 초등학교 진학을 주제로 열띤 토론을 한 적이 있었다. 아버지는 아이가 좋아하는 활동을 많이 하면서 자라게 해 주어야 한다고 했다. 그러면서 대안학교, 사립학교, 국제학교 등에 보내면 좋을 것 같다고 얘기했다. 그런 이유라면 각 학교에서 진행하는 프로그램 정보를 수집해서 우리 아이가 좋아하는 활동과 맞는 학교를 선택할 수 있을 것이다.

하지만 두 번째 이유를 듣고 나는 반론했다. 아버지는 제도권 교육의 테두리에서 아이가 또래집단에 의해 혹시라도 안 좋은 영향을 받을까 봐 걱정하셨다. 아이가 학교에 입학하게 되면 제도권 교육이 아닐지라도 또래집단의 영향을 받고 자라날 수밖에 없다. 또래집단과 주변 환경은 아이의 의지와 상관없이 조성된다. 그렇기 때문에 환경을 바꿀 것이 아니라 아이의 정체성을 강하게 키워 주는 것이 중요하다는 내 입장을 밝혔다.

그동안 상담에서 많은 부모들이 들려주었던, 이와 같은 고민에 대한 기억들이 주마등처럼 스쳐 지나갔다. 그때마다 내가 했던 답변은 일관성 있게 "주변 환경보다 중요한 것이 아이의 마음입니다."였다. 이는 내 아이에게도 마찬가지로 적용된다. 나는 내 아이를 어떤 환경에서도 자신의 정체성을 잃지 않는, 강한 마음을 지닌 아이로 키우고 싶다. 이는 내가 이 책을 쓰기로 결심하게 된 이유이기도 하다.

유치원이나 학교를 선택하는 기준을 까다롭게 체계적으로 세우는 것도 좋겠지만 그전에 먼저 되어야 할 것은 아이의 인성교육이다. 인성교육이 가장 자연스럽게 이루어지는 현장은 바로 운동장이다. 과거에는 학교를 그림으로 표현할 때 운동장부터 그리는 아이들이 많았다. 반면 요즘 아이들은 교실 내의 모습을 그린다고 한다.

아이들은 학교를 마치면 예전처럼 해 질 녘까지 친구들과 운동장에서 축구, 농구를 하지 않는다. 대부분 교문 밖에서 기다리고 있는 노란 봉고차를 타고 각자의 학원으로 향한다. 워킹맘이 많은 현실은 이와 같은 하굣길 풍경과 학교에서 직접 운영하는 돌봄 교실을 통해 느낄 수 있다.

가끔 차량운행을 하면서 돌봄 교실에 들어가 직접 아이를 데리고 나올 때가 있다. 대부분 숙제를 하거나 책을 읽고 있다. 운동장이 존재하는 이유가 무색할 만큼 방과 후의 풍경은 매우 정적이다. 아이들을 정적으로 만드는 이유에는 미세먼지가 커다란 몫을 한다. 하지만 가장 큰 문제는 아직도 많은 부모와 교사가 신체활동을 통해 얻는 긍정적인 에너지의 중요성을 간과하고 있다는 것이다.

내가 처음 축구 지도자를 경험하게 된 때는 2011년 가을이었다. 서울 모 초등학교 방과 후 축구교실에서 임금을 받지 않으며 일을 배우기 시작했다. 수업이 끝나면 각자의 학원으로 흩어지는 아이들과 달리 방과 후 축구를 하는 아이들은 운동장으로 밝게 뛰어나왔다. 반이 달라도 운동장에 나오는 순간부터는 같은 유니폼을 입은 서로의 이름을 부르며 반가움을 표현했다.

아이들은 이 시간을 정말 기다린 듯했다. 내가 학교에 다닐 때를 떠올려 보면 당연히 누려야 하는 시간인데 말이다. 새로운 친구가 등록하는 날에는 자기소개를 한 지 5분도 안 되어 한 팀의 구성원이 된다. 처음 인사를 나눈 아이들이 함께 하교하던 장면은 아이 스스로 환경에 적응하며 친구를 사귀게 해야 한다는 생각을 갖게 한 가장 큰 이유이기도 했다.

수업은 약 1시간 30분 정도 소요되었다. 저학년 훈련이 끝나면 고학년 친구들의 수업이 시작되어 해 질 녘이면 모든 수업이 종료

된다.

대부분의 학교에는 이런 방과 후 프로그램이 존재한다. 신체활동의 중요성에 비해 교과과정 내의 체육 수업의 시수는 적은 편이다. 방과 후 프로그램의 존재는 바쁜 아이들에게 제공할 수 있는 유일한 여가활동이자 특별한 관계를 맺는 수단이다. 친구를 사귀는 게 목적이라면 반 축구보다 학교 방과 후 축구를 권하고 싶다.

종목은 축구만 있는 것이 아니다. 뉴 스포츠, 인라인스케이트, 스내그 골프, 매직 테니스, 배드민턴, 요가 등 아이 성격에 맞는 다양한 종목들이 학교 방과 후 프로그램으로 개설되고 있다. 이 중 인기 종목의 경우는 조금 더 발전적인 교육을 위해 그 종목을 전문적으로 교육하는 사설 스포츠 교실을 탄생시킨다. 내가 운영하는 솔뫼 축구센터가 그 대표적인 예다. 솔뫼 축구센터는 유아와 초등학생을 대상으로 운영하는 축구교실이다.

방과 후 프로그램과의 차이가 있다면 시간적 유동성, 교육의 방향, 학부모와의 소통이다. 아무래도 학교 내에서 이루어지는 프로그램은 수업 빈도가 높지 않고 흥미를 유발하는 데 그치게 된다. 학부모가 큰 관심을 가질 만한 소통 체계가 대체로 갖추어지지 않는다.

따라서 다음과 같은 생각을 지니고 있다면 방과 후 프로그램보다는 사설 스포츠 교실을 권한다.

첫째, 방과 후 프로그램만으로는 운동 빈도가 부족하게 느껴지는 경우다. 대부분의 학교는 해당 종목을 지도할 수 있는 자격증을 지닌 체육 교사 혹은 외부 스포츠 강사와 계약을 체결하고 방과 후 프로그램을 진행한다. 전적으로 강사 1인의 스케줄에 의해 운영되는 프로그램이다. 따라서 보통 주 1~2회 이루어진다. 아이가 운동에 충분한 관심이 있는 데 비해 빈도가 낮게 느껴진다면 사설 스포츠 교실을 이용해서 운동량을 늘릴 수 있다.

둘째, 아이가 운동에 소질이 있어 조금 더 전문적인 교육이 필요하다고 생각되는 경우다. 앞서 아이가 운동을 평생 취미로 갖게 되는 과정에 대해 언급한 바 있다. 방과 후 프로그램은 많은 아이들을 대상으로 하기 때문에 수업 운영이 제한적이다. 때문에 운동을 잘하고 싶다는 생각을 지닌 아이들의 욕구를 만족시키기가 현실적으로 어렵다. 축구의 경우를 예로 들자면 사설 축구교실들은 대부분 취미반, 육성반, 선수반을 따로 운영한다. 각 기관마다 운영 방식의 차이는 있을 수 있다. 상담 및 비교를 통해 아이에게 맞는 체계를 갖춘 곳을 선택하면 운동을 잘하고 싶어 하는 아이의 욕구를 해결할 수 있다.

셋째, 방과 후 프로그램은 부모의 알 권리를 충족시키지 못한다고 생각한다. 부모가 아이의 운동에 관심을 갖는 것은 아이가 운동을 더 좋아하게 되는 요인 중의 하나다. 하지만 학교 방과 후 프로그램은 그런 부분이 자유롭지 못하다. 부모가 직접 찾아가서 보지 않는 이상 아이가 어떤 모습으로 수업을 받는지 소통 체계가 활성화되어 있지 않다. 사설 스포츠클럽을 운영하는 이들의 경우, 학부모와의 소통이 업체의 경쟁력이라고 생각한다. 그러니 부모의 마음을 잘 헤아려 주는 기관을 선택해서 아이의 운동에 대한 관심을 멈추지 않길 바란다.

많은 전문가들이 신체를 움직이면서 에너지를 발산해야 학업에 도움이 된다는 것을 증명했다. 아이가 정적이고 방과 후 활동도 학업 우선 과목만을 선호하는가? 그렇다면 부모와 교사가 적극적으로 생각을 바꾸고 운동을 가까이하는 습관을 들여 줄 필요가 있다.

아이가 뛰어놀 수 있는 기회는 줄어들었다. 반면 세련된 마음을 지닌 지도자와 체계적인 운동 프로그램은 계속해서 늘어나고 있다. 다채로워진 학교 방과 후 프로그램과 스포츠 교실을 이용함으로써 아이가 운동을 생활화할 수 있는 골든타임을 놓치지 않길 바란다.

똑똑한 아이보다
단단한 아이로 키워라

**초판 1쇄 인쇄 2018년 9월 7일**
**초판 1쇄 발행 2018년 9월 14일**

지 은 이 **이종우**
펴 낸 이 **권동희**
펴 낸 곳 **위닝북스**
기　　획 **김태광**
책임편집 **김진주**
디 자 인 **박정호**
교정교열 **우정민**
마 케 팅 **강동혁**

출판등록 **제312-2012-000040호**
주　　소 **경기도 성남시 분당구 수내동 16-5 오너스타워 407호**
전　　화 **070-4024-7286**
이 메 일 **no1_winningbooks@naver.com**
홈페이지 **www.wbooks.co.kr**


ISBN 979-11-88610-77-8 (03590)

이 도서의 국립중앙도서관 출판도서 목록(CIP)은 서지정보유통지원시스템 홈페이지(http://seoji.nl.go.kr)와 국가자료공동목록시스템(http://www.nl.go.kr/kolisnet)에서 이용하실 수 있습니다.(CIP제어번호: CIP2018027624)



위닝북스는 독자 여러분의 책에 관한 아이디어와 원고 투고를 설레는 마음으로 기다리고 있습니다. 책으로 엮기를 원하는 아이디어가 있으신 분은 이메일 no1_winningbooks@naver.com으로 간단한 개요와 취지, 연락처 등을 보내주세요. 망설이지 말고 문을 두드리세요. 꿈이 이루어집니다.

※ 책값은 뒤표지에 있습니다.
※ 잘못 만들어진 책은 구입하신 서점에서 교환해 드립니다.